FORSCHUNGSBERICHTE
DES WIRTSCHAFTS- UND VERKEHRSMINISTERIUMS
NORDRHEIN-WESTFALEN

Herausgegeben von Ministerialdirektor Prof. Leo Brandt

Nr. 51

Verein zur Förderung von Forschungs- und Entwicklungsarbeiten
in der Werkzeugindustrie e.V., Remscheid

Untersuchungen an Kreissägeblättern
für Holz, Fehler- und Spannungsprüfverfahren

Als Manuskript gedruckt

WESTDEUTSCHER VERLAG / KÖLN UND OPLADEN

1953

ISBN 978-3-663-03292-2   ISBN 978-3-663-04481-9 (eBook)
DOI 10.1007/978-3-663-04481-9

Forschungsberichte des Wirtschafts- und Verkehrsministeriums Nordrhein-Westfalen

G l i e d e r u n g

Vorwort . . . . S. 5

Einleitung . . . . S. 6

1. Grundsätzliche Betrachtungen über Herstellungs- und Gebrauchsfehler . . . . S. 7

2. Statische Unwucht von Kreissägeblättern, ihre Ursache und Auswirkung auf die Laufeigenschaften . S. 9
   Versuchsergebnisse der Unwuchtprüfung . . . . . S. 9
   Prüfung der Planparallelität (Dickenabweichung). S. 13
   Einfluß der Dickenabweichung auf die statische Unwucht . . . . S. 15
   Einfluß der Passtoleranz auf die statische Unwucht . . . . S. 16

3. Beurteilung des Richt- und Spannungszustandes durch Sägenrichter . . . . S. 18
   Reihenuntersuchung und Kritik . . . . S. 18

4. Momentenhebel-Prüfeinrichtung für den Richt- und Spannungszustand . . . . S. 22
   Prinzip des Prüfverfahrens . . . . S. 23
   Versuchsergebnisse . . . . S. 24

5. Kritischer Vergleich der Versuchsergebnisse mit der Momentenhebel-Prüfeinrichtung und der Beurteilung des Richt- und Spannungszustandes durch Sägenrichter . . . . S. 26

6. Schreibendes Momentenhebel-Prüfgerät für den Richt- und Spannungszustand von Kreissägeblättern . . . . S. 28
   Kurzbeschreibung . . . . S. 29
   Prinzip des Nachlaufschreibers . . . . S. 30
   Auswertung . . . . S. 31

7. Seitenschlag . . . . S. 33

Zusammenfassung . . . . S. 36

Literaturverzeichnis . . . . S. 38

Forschungsberichte des Wirtschafts- und Verkehrsministeriums Nordrhein-Westfalen

Vorwort

Werkzeuge haben immer wachsenden Anforderungen an Leistung, Ausführung und Genauigkeit zu entsprechen. Sie müssen sich dabei den Veränderungen der Fertigungsbedingungen und etwaigen neuen Arbeitsverfahren anpassen.

Um wirksamste Beiträge zur Verbesserung und Verbilligung der Verfahrenstechnik zu leisten und mit der Entwicklung hochindustrialisierter finanzstarker Konkurrenzländer Schritt halten zu können, hatte die Werkzeugindustrie der Bundesrepublik schon lange den Wunsch, planmäßige Reihenuntersuchungen auf gemeinsamer Basis durchzuführen. Mit Hilfe ministerieller Unterstützung konnte auf Initiative des Fachverbandes Werkzeugindustrie e.V. eine Forschungsabteilung errichtet werden, deren Träger der Verein zur Förderung von Forschungs- und Entwicklungsarbeiten in der Werkzeugindustrie e.V. ist.

Für die vom Wirtschaftsministerium des Landes NRW bewilligten namhaften Zuschüsse sei an dieser Stelle nochmals gedankt. Die Stadt Remscheid und die Versuchsanstalt der Werkzeugindustrie haben sich vorbehaltlos hinter diese Aufgaben gestellt. Die Forschungsabteilung arbeitet nicht nur eng personell mit der Versuchsanstalt zusammen, sondern fand nach Umbauten auch Aufnahme in dem Gebäude der Versuchsanstalt.

Für die Inangriffnahme und Abwicklung dieser Aufgaben war und ist die bereitwillige Unterstützung der einschlägigen Hochschulinstitute, insbesondere des Laboratoriums für Werkzeugmaschinen und Betriebslehre der Rhein.Westf. Technischen Hochschule Aachen und des Lehrstuhles und Institutes für Werkzeugmaschinen der Technischen Hochschule Hannover von besonderem Wert.

In der eben erwähnten Form der Zusammenarbeit werden auch alle weiteren Reihenuntersuchungen durchgeführt, die das Arbeitsverhalten der Werkzeuge betreffen. Ziel ist, in unmittelbarem ständigen Kontakt mit der Werkzeugindustrie, ebenso aber auch mit den Benutzern, gerade die Arbeiten zu fördern, für deren Lösung sich Standort, Einrichtungen und Erfahrungen der Forschungsabteilung und der Versuchsanstalt als besonders günstig erweisen.

Oberstes Ziel ist es, der Praxis Wege zur Schaffung von Bestformen und Bestausführungen von Werkzeugen zu weisen, u.a. durch Verbesserung und Entwicklung neuer für die Praxis geeigneter Prüfmethoden, sowie durch Verbesserung der Herstellungsverfahren.

Einleitung

Im Gegensatz zu anderen Werkzeugen für die Metallbearbeitung ist die Herstellung der Sägeblätter für Holzbearbeitung, insbesondere das Richten und Spannen, in hohem Maße von dem handwerklichen Geschick abhängig und verlangt große Sorgfalt ebenso wie ihre Instandhaltung. Hinzu kommt, daß die Arbeitsbedingungen für Sägeblätter außerordentlich verschiedenartig sind.

Da die Fehlerursachen wegen der schwierigen Herstellung mannigfaltiger Art sein können, ist es auch zu verstehen, daß man sich beim Messen und Prüfen auf verhältnismäßig einfache Geräte beschränkt und sich hauptsächlich altbewährter Prüfmethoden bedient, bei denen das Gefühl, die Bewertung eines klanglichen Eindruckes oder die Beobachtung des Lichtspaltes zwischen Sägeblatt und einem an das Sägeblatt angelegten Richtlineal von ausschlaggebender Bedeutung sind.

Aus den Reihenprüfungen erwies sich die Notwendigkeit, genauere objektive Prüfverfahren zu entwickeln, die die Grundlage für alle weiteren Spannungsuntersuchungen an Kreissägeblättern bilden.

Es wird angestrebt, den Zusammenhang zwischen den bei der Herstellung feststellbaren Eigenschaften und dem Arbeitsverhalten aufzuzeigen und Richtlinien für die zweckentsprechende Herstellung aufzustellen.

Forschungsberichte des Wirtschafts- und Verkehrsministeriums Nordrhein-Westfalen

1. Grundsätzliche Betrachtungen über Herstellungs- und Gebrauchsfehler

Aus der Vielzahl der Herstellungs- und Gebrauchsfehler sind die wesentlichen in nachstehender Tabelle zusammengestellt, ferner ihre Auswirkung, Prüfung und gegebenenfalls ihre Beseitigung. Werkstoff- und Warmbehandlungsfehler sind in der Tabelle nicht enthalten. Die eingeklammerten Ziffern in der Spalte "Fehlerart" beziehen sich auf Abb. 1 (Herstellungsfehlerbild).

Herstellungsfehler

Fehlerart:	Auswirkung:	Prüfung:	Beseitigung:
(1) ungleiche Blattdicke	erschwertes Richten u. Spannen, erhöhte Nacharbeit	Schraublehre, Uhrschnellmesser	planschleifen
(2) zu große u. unrunde Bohrung	zu großes Spiel, radialer Schlag	Kaliberdorn	Einhaltung der Toleranz durch verstellbare Reibahle
(3) Zahnformfehler	schlechtes Schneiden, ungünstige Spanabfuhr, erhöhte Blatterwärmung	Keilwinkellehre Winkelmesser	Fehler an Werkzeugmaschine beseitigen (Stanzautomat, Fräsmaschine, Schärfmaschine)
(4) ungleiche Zahnspitzenlinie	unsauberer Schnitt, ungleiche Zahnbeanspruchung, Ausbrüche	Zahnspitzenprüfer	nachschleifen auf Schärfmaschine
(5) Schärffehler	schlechter Schnitt geringe Leistung	Schärflehre	nachschärfen
(6) Schränkfehler	Verlaufen, Schnittverlust, erhöhte Blatterwärmung	Schränklehre Schränkuhr	nachschränken
(7) Richtfehler	unruhiger Lauf, flattern schlechter Schnitt Schnittverlust	Richtlineal Prüfwelle für Kreissägen	nachrichten
Spannungsfehler: (8) Breite (9) Lage (10) Mittigkeit der Spannungszone nicht richtig	unruhiger Lauf, flattern, schlechter Schnitt, Schnittverlust	Durchbiegung unter dem Richtlineal, Spannungskontrolle (Daumendruckprüfung, Spannungsprüfgerät)	nachspannen

Fehlerart:	Auswirkung:	Prüfung:	Beseitigung:
Lauffehler:			
(11) Seitenschlag	flattern	Prüfwelle mit Schlagprüfer	nachrichten
(12) Rundlauffehler	radialer Schlag rattern	Prüfwelle mit Schlagprüfer	nacharbeiten auf Schärfmaschine
Wuchtfehler	rattern	Unwucht-Prüfgerät	auswuchten

Gebrauchsfehler

zu großes Spiel zwischen Welle und Sägeblattbohrung durch Abnutzung der Sägewelle	erhöhter radialer Schlag	Meßuhr	z.B. Dehndorn
Fehler durch Nachschränken und Nachschärfen	siehe Ziffer (3), (4), (5), (6), (8), (9), (1o)		
Spannungsänderung durch Abnutzung bzw. Nachrichten und Spannen	siehe Ziffer (7), (8), (9), (1o)		
ungeeignete Drehzahl	flattern, Schnittverlust, erhöhte Erwärmung	Drehzahlprüfer, Temperaturprüfung (z.B. mit Temperaturfarbstiften) Spannungsprüfung	Drehzahl oder Spannung ändern
zu großer Vorschub	verlaufen, erhöhte Erwärmung, flattern	Temperaturprüfung	Vorschub verkleinern

Abgesehen von den Werkstoff- und Gefügefehlern können Fehlerursachen - insbesondere die auf falsche geometrische Abmessung zurückzuführenden - zum großen Teil bei der Herstellung und Instandhaltung der Sägeblätter verringert werden, sofern man sie meßbar prüfen kann.

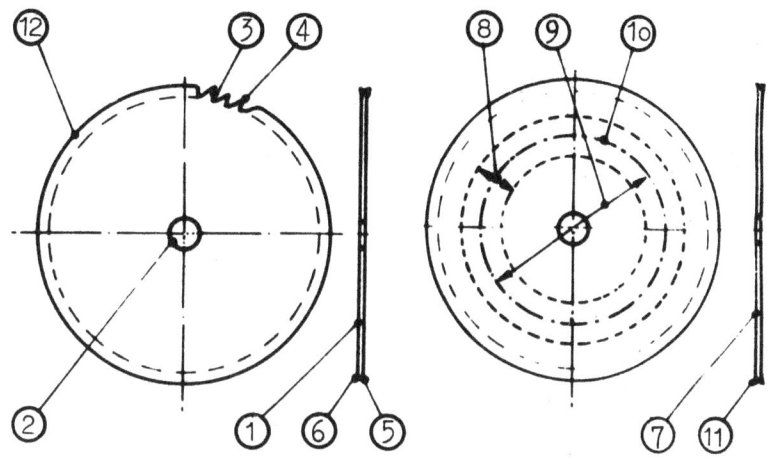

Abbildung 1
Herstellungsfehlerbild eines Kreissägeblattes

2. Statische Unwucht von Kreissägeblättern, ihre Ursache und Auswirkung auf die Laufeigenschaften

Fehler durch Dickenabweichung, Toleranz der Lagerbohrung und Fehler der Zahnspitzenlinie verursachen eine statische Unwucht und können je nach deren Größe beim Laufen durch die auftretenden Fliehkräfte zum Rattern führen. Es erscheint daher unerläßlich, Unwucht-Prüfungen am fertigen Kreissägeblatt durchzuführen.

Die gebräuchlichsten Unwucht-Prüfgeräte waren wegen ihrer Ungenauigkeit bzw. ihrer Ortsgebundenheit nicht verwendbar. Mit Rücksicht auf Durchführung künftiger Untersuchungen bei auswärtigen Firmen, z.B. in Sägewerken, wurde ein transportables Unwucht-Prüfgerät entwickelt, mit dem es möglich ist, Unwuchtgrößen von nur 5 gcm zu messen (Abb. 2). Das Kreissägeblatt wird von einem konischen Dorn aufgenommen, an dessen Enden zwei runde Schneiden angebracht sind, die beispielsweise auf Stahlflächen (F) abrollen können. Die Stahlflächen sind auf den freien Schenkeln eines U-förmigen Gestelles befestigt, das auf einer Tischkante oder dergleichen festgeklemmt und mit einer Wasserwaage genau horizontal ausgerichtet wird.

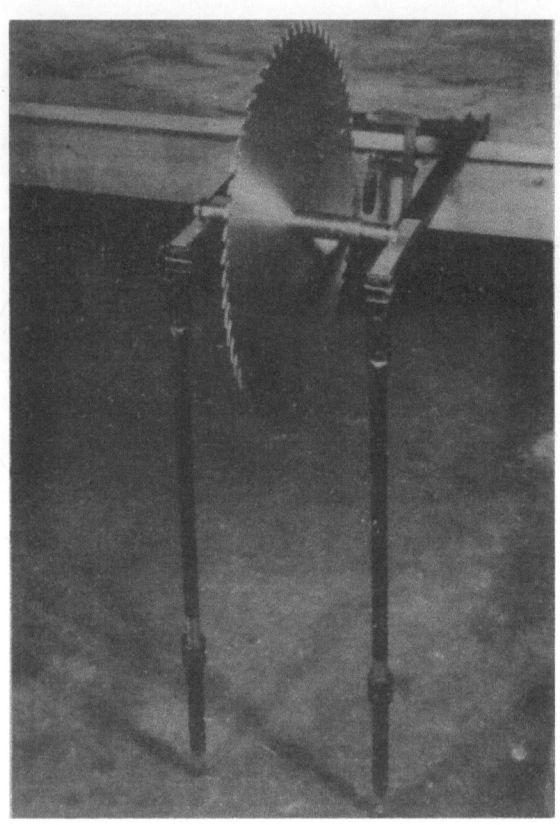

A b b i l d u n g   2
Transportabeles Unwucht-Prüfgerät

Hierzu dienen zwei an den Schenkeln mit Scharnieren befestigte umklappbare in der Höhe mit Gewinde verstellbare Füße.

Die Ergebnisse sind in Abbildung 3 dargestellt. Über den Nummern der Sägen finden wir Angaben für Sägen, die auf dem Magnetfutter (M) und zwischen Steinen (St) geschliffen wurden. Geschränkte und geschärfte Sägen sind zusätzlich mit g bezeichnet. Der Vollständigkeit halber sind auch die Unwuchtgrößen von 2 schwarzen ungeschliffenen Blättern dargestellt und durch einen schwarzen Punkt gekennzeichnet.

Die mittlere Unwucht aus den einzelnen Serien zu je 5 ... 7 Sägeblättern wurde mit den Grenzen der Streuung in Abb. 4 zusammengestellt, und zwar getrennt für die verschiedenen Bearbeitungszustände:

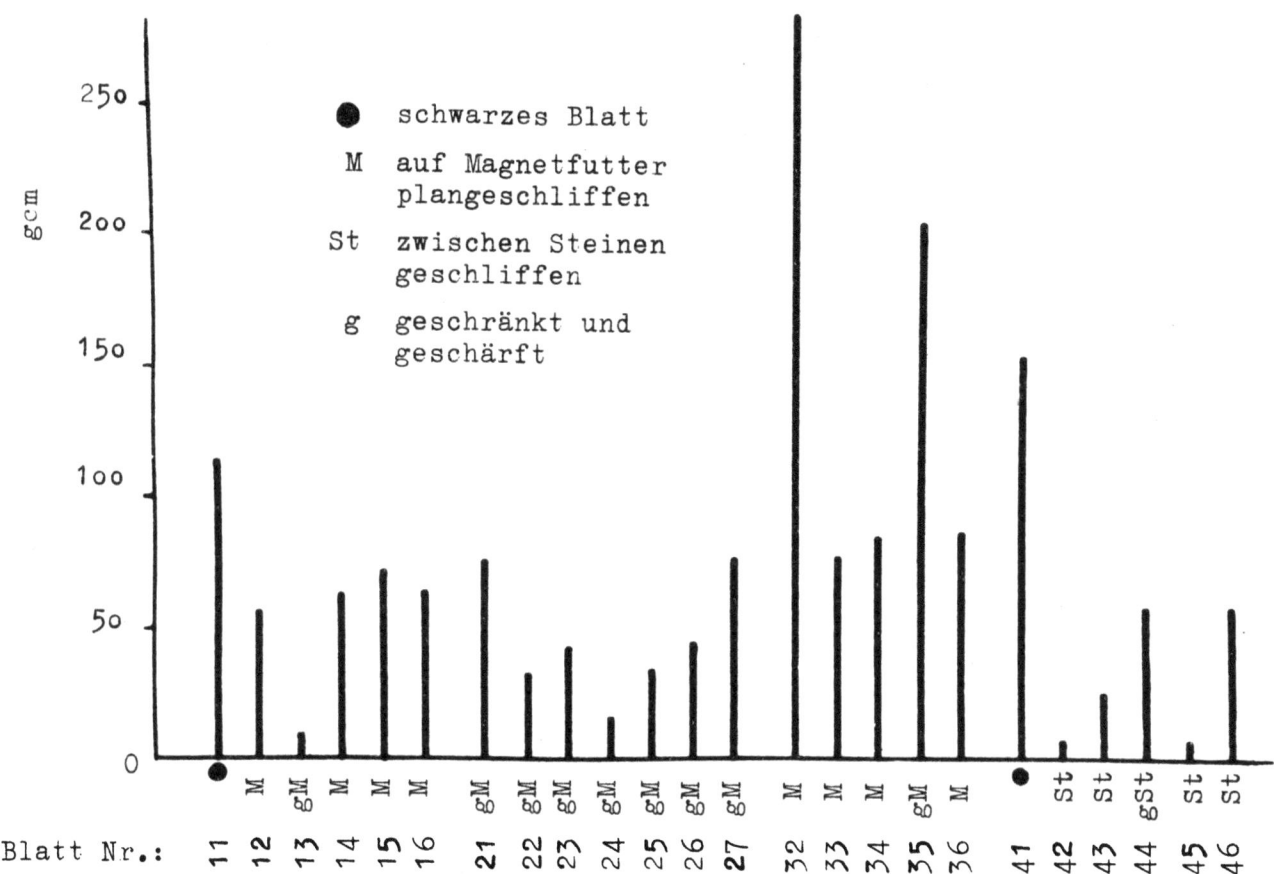

Abbildung 3
Statische Unwucht von Kreissägeblättern

Bearbeitungszustand:	Kennzeichen:	Stückzahl insgesamt:
a) geschliffen geschränkt geschärft	gM und gST (stark ausgezogene Linie)	9
b) geschliffen	M und St (Doppellinie)	12
c) schwarzes Blatt (nur vergleichsweise eingetragen)	(dünne Linie)	2

Die Mittelwerte und die darunter befindlichen eingeklammerten Stückzahlen sind ebenfalls eingetragen. Vergleicht man die 3 mit je 4 geschliffenen Sägeblättern vorliegenden Serien (11 ... 16, M; 32 ... 36, M; und 41 ... 46 St) miteinander, so fällt der Unterschied der Unwuchtgröße (62/130/20 gcm) und die unterschiedliche Streuung (etwa 18/200/50 gcm) deutlich auf.

Forschungsberichte des Wirtschafts- und Verkehrsministeriums Nordrhein-Westfalen

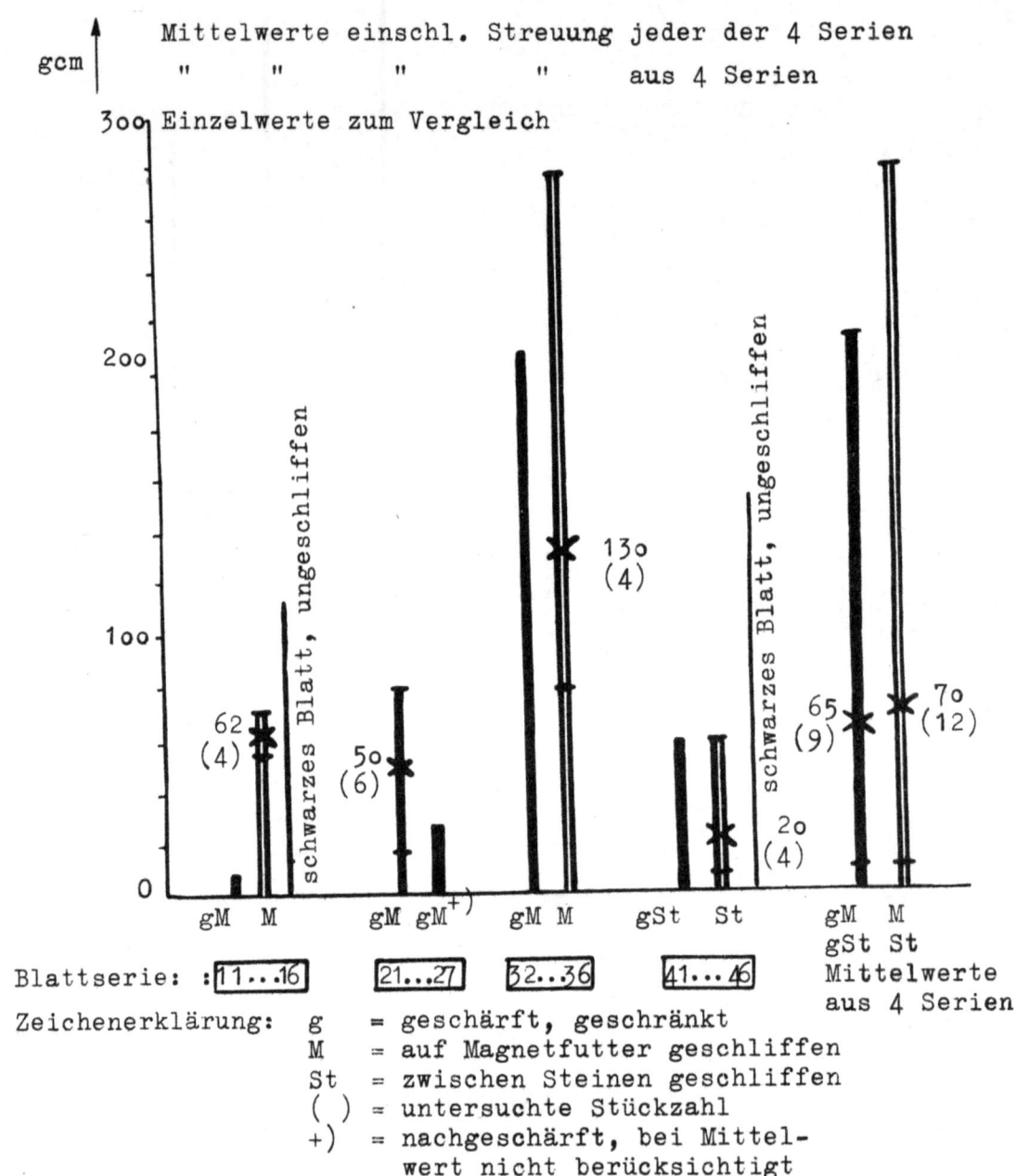

Abbildung 4

Statische Unwucht von Kreissägeblättern
Mittelwerte

Bemerkenswert ist, daß die untersuchten, zwischen Steinen geschliffenen Sägeblätter der Serie 41 ... 46 St eine *geringere* Unwucht haben als die auf Magnetfutter geschliffenen Sägen. Die Vermutung liegt nahe, daß die Sägenbleche für diese Serie schon im Anlieferungszustand geringere Dickenunterschiede gehabt haben müßten als für die anderen Serien oder daß die Herstellung mit besonderer Sorgfalt und guter Kontrolle durchgeführt wurde.

Aus der Darstellung entnehmen wir folgende Werte für die statischen Unwuchtgrößen:

Bearbeitungszustand	Unwucht (gcm)	Mittelwert (gcm)
a) geschliffen, geschränkt, geschärft (9 Sägeblätter)	8 ... 210	ca. 65
b) geschliffen (12 Sägeblätter)	8 ... 275	ca. 70
c) unbearbeitet (2 schwarze Blätter)	112 154	-

Da diese Feststellungen zum Teil auf verhältnismäßig geringer Stückzahl beruhen, müssen sie durch weitere Versuchsreihen bestätigt bzw. berichtigt werden.

Die Notwendigkeit, in größerem Umfange als bisher Unwuchtprüfungen an Kreissägeblättern durchzuführen, wird von den Herstellern und Verbrauchern allgemein anerkannt. Aus wirtschaftlichen Erwägungen muß jedoch angestrebt werden, daß diese Prüfungen, bei denen das Kreissägeblatt auspendeln muß, in erheblich kürzerer Zeit als bisher durchgeführt werden können. Eine dementsprechende Verbesserung der Unwucht-Prüfeinrichtung ist in Arbeit.

Prüfung der Planparallelität (Dickenabweichung)

Beim Walzvorgang fallen die Sägenbleche infolge ungleicher Abnutzung der Walzen nicht in allen Stellen gleich dick aus. Innerhalb einer Blechtafel sind die Dickenunterschiede vielfach größer, als für Kreissägeblätter zulässig ist. Sie wirken sich u.U. bei einigen Legierungen bei der Warmbehandlung, insbesondere aber bei der nachfolgenden Bearbeitung, dem

Richten und Spannen, ungünstig aus und können unruhiges Laufen verursachen. Dickenunterschiede werden bisher durch Planschleifen bei gerichteten, z.T. vorgespannten, ungeschränkten und ungeschliffenen Sägeblättern annähernd beseitigt.

Die untersuchten Sägeblätter wurden jedoch zur Erreichung einer höheren Genauigkeit mit einer Schraublehre geprüft und sollten eine Blattdicke von 2,2 ± 0,05 mm bzw. 2,15 - 2,25 mm aufweisen. Die Blattdicke kann mit einem Uhr-Schnellmesser, der sofort die Dicke anzeigt, gemessen werden. Es ergeben sich folgende Mittelwerte, die in Abb. 5 dargestellt sind.

Blattserie (je 5...7 Stück)	Blattdicke mm	größte Toleranzüberschreitung mm	mittlerer u. größter Dickenunterschied bei einem Blatt mm	
12...16	2,17...2,25	–	0,016	0,03
22...27	2,26...2,38	0,13	0,006	0,01
32...36	2,28...2,43	0,18	0,03	0,06
41...46	2,11...2,22	0,04	0,006	0,02

Als Toleranz für die erzielbare Parallelität geben die Firmen ± 0,05 mm an.

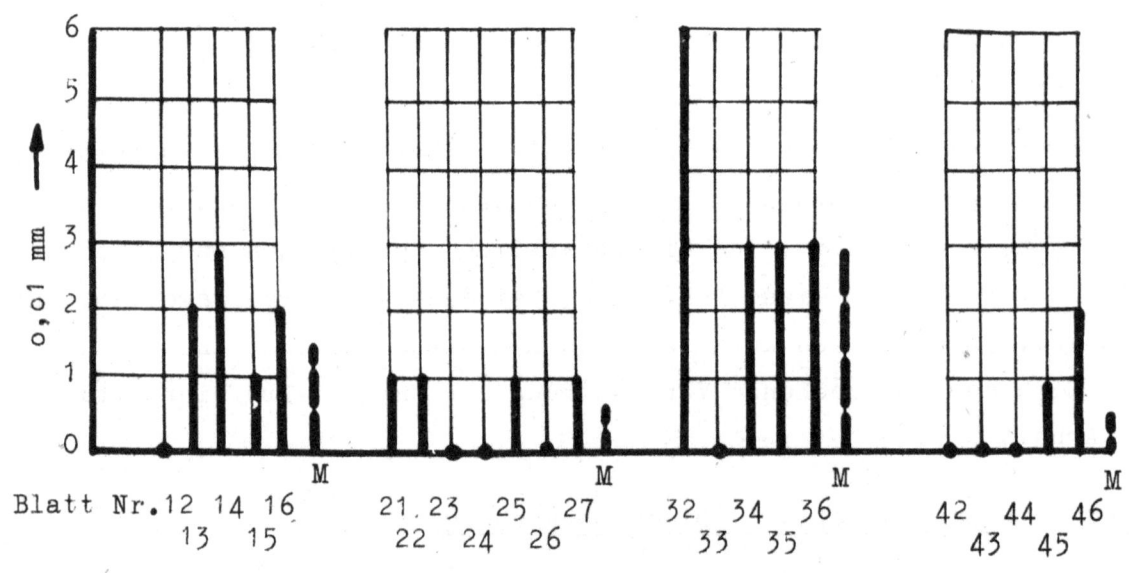

— M Mittel aus einer Serie

A b b i l d u n g   5

Dickenabweichung von Kreissägeblättern
Durchmesser 450 mm; Sollblattdicke 2,2 ± 0,05 mm

Forschungsberichte des Wirtschafts- und Verkehrsministeriums Nordrhein-Westfalen

Einfluß der Dickenabweichung auf die statische Unwucht

In der Annahme, daß die Blattdicke von der dünnsten zur dicksten Stelle gleichmäßig zunimmt und beide Stellen diametral gegenüberliegen, stellt das Sägeblatt einen schief abgeschnittenen geraden Kreiszylinder dar (Abb. 6), bei dem rechts von der Linie S-S ebenso viel Material über der Solldicke s angehäuft ist, wie links von S-S fehlt. Jedes der beiden (gleichen) Teile stellt einen Zylinderhuf dar und wirkt im gleichen Sinne schwerpunktverlagernd.

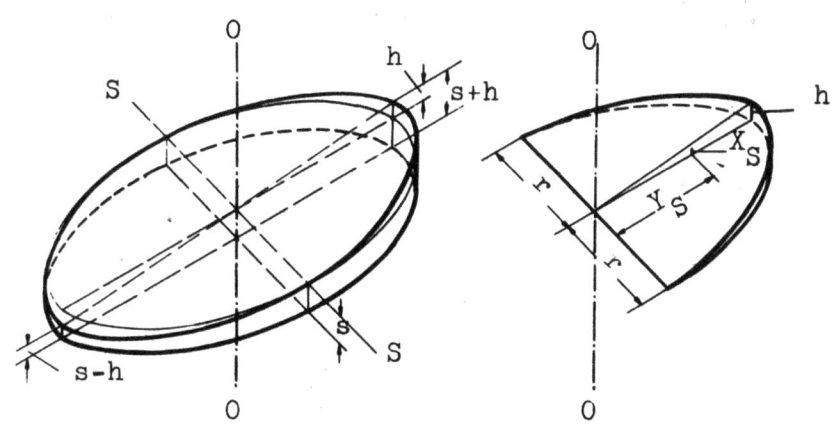

Zylinderhuf

A b b i l d u n g 6

Form eines Kreissägeblattes mit diametral zunehmender Blattdicke

Gewicht und Schwerpunktverlagerung können somit nach der Formel für den Zylinderhuf "Hütte I" berechnet werden:

Hufvolumen:	$V = 2/3 \; r^2 \cdot h$	h halber Blattdickenunterschied
Hufgewicht:	$G = V \cdot \gamma$	γ spezifisches Gewicht
Schwerpunkt-verlagerung:	$Y_s = 3/16 \cdot \pi \cdot r$	Y_s Schwerpunktabstand von der Achsmitte
	$X_s = 3/32 \cdot \pi \cdot h$	X_s Schwerpunktabstand von der ideellen Sägeblattfläche

Werden die aus den Reihenuntersuchungen gefundenen Mittelwerte für die Blattdickenunterschiede in die Gleichungen eingesetzt, so ergeben sich für die einzelnen Blattserien:

Serie	mittlerer Blattdickenunterschied	statische Unwucht (errechnet)	statische Unwucht (gemessen)
	mm	gcm	gcm
12 ... 16	0,016	102	62
22 ... 27	0,006	38	50
32 ... 36	0,03	192	130
41 ... 46	0,006	38	20

Aus dieser Gegenüberstellung der aus den Blattdickenunterschieden errechneten und gemessenen Unwucht geht klar hervor, daß die statische Unwucht in erster Linie durch die Blattdickenunterschiede bedingt ist.

Einfluß der Passtoleranz auf die statische Unwucht

Es wäre nun zu untersuchen, welche Größe die statische Unwucht bei einem planparallel geschliffenen, homogenen und einwandfrei gezahnten Kreissägeblatt annehmen kann, wenn der Gewichtsschwerpunkt nicht in der Rotationsachse liegt (Abb. 7). Die Schwerpunktverlagerung kann durch drei Größen hervorgerufen werden:

1. Spiel zwischen Bohrung und Wellenzapfen ($2e$)
2. Außermittigkeit der Bohrung (e_1)
3. Schlag des Wellenzapfens (e_2)

In der Praxis treten diese drei Größen in beliebigen Kombinationen auf und können einzeln oder auch als Summe $V_s = e + e_1 + e_2$ gemessen werden.

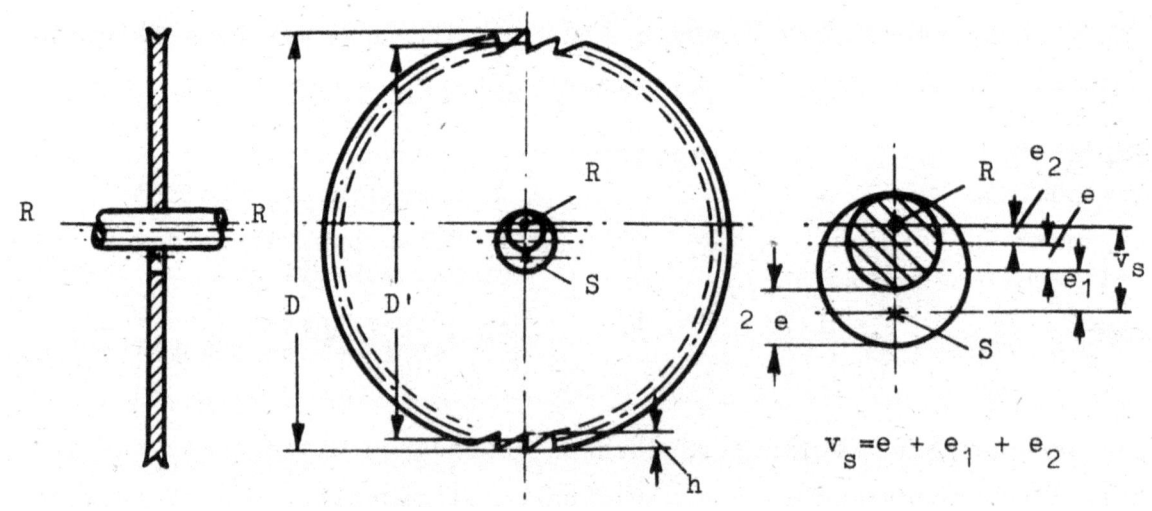

Abbildung 7

Kreissägeblatt mit außerhalb der Rotationsachse R liegendem Schwerpunkt S

Forschungsberichte des Wirtschafts- und Verkehrsministeriums Nordrhein-Westfalen

Im Hinblick auf verschiedene Normvorschläge für die Passtoleranzen zwischen Bohrung und Welle soll zunächst nur der Einfluß der Passtoleranz auf die statische Unwucht durch ein Zahlenbeispiel berechnet werden.

Bei einer Passtoleranz 2 e beträgt die größtmögliche Außermittigkeit des Kreissägeblatt-Schwerpunktes die Hälfte, also e. Allgemein gilt bei bekanntem Gewicht G und Passtoleranz 2 e bzw. einer Außermittigkeit e für die statische Unwucht die Gleichung:

(1) $$U = G \cdot e$$

G kann auch aus den Abmessungen mit guter Annäherung, und zwar aus dem wirksamen Durchmesser D', der Blattdicke s und dem spez. Gewicht γ errechnet werden:

$$G = \frac{(D')^2}{4} \cdot \pi \cdot s \cdot \gamma$$

Aus dem Durchmesser D des Zahnspitzenkreises und der Zahnhöhe h ergibt sich für den wirksamen Durchmesser angenähert:

$$D' = D - h$$

Somit lautet die Gleichung für die statische Unwucht:

(2) $$U = \frac{(D-h)^2}{4} \cdot \pi \cdot s \cdot \gamma \cdot e$$

Nach Norm-Vorschlägen soll die Bohrung normalerweise nach H 8 und die Welle nach h 8 ausgeführt werden. Dementsprechend beträgt die Passtoleranz (2 e) zwischen Welle und Bohrung für einen Durchmesser von 30 mm im Mittel $2 e_m = 39\,\mu$ höchstens $2 e_m = 78\,\mu$ bzw. die Außermittigkeit des Kreissägeblatt-Schwerpunktes im Mittel e_m ca. 20 μ oder 0,02 mm und höchstens e_{max} ca. 40 μ oder 0,04 mm. Werden diese Werte in Gleichung (2) eingesetzt, so ergeben sich beispielsweise für ein Kreissägeblatt mit Durchmesser D = 450 mm, einer Blattdicke s = 2,2 mm und einer Zahnhöhe h = 15 mm für die statische Unwucht folgende Größen:

Mittelwert U_m ca. 5 gcm

Höchstwert U_{max} ca. 10 gcm

das heißt also, daß selbst bei verhältnismäßig großen Passtoleranzen, deren Einhaltung fertigungstechnisch keine Schwierigkeiten macht, die Auswirkung der Außermittigkeit auf die statische Unwucht um etwa eine Größenordnung kleiner ist als die durch Blattdicken-Unterschiede hervorgerufene Unwucht.

Es ist also zweckmäßiger, die Blattdickenunterschiede zu verringern, als eine feinere Passtoleranz anzustreben.

3. Beurteilung des Richt- und Spannungszustandes durch Sägenrichter

Reihenuntersuchung und Kritik

Nach der Warmbehandlung und Bezahnung werden Kreissägeblätter gerichtet, d.h. durch Hammerschläge gerade gemacht. Je nach der Größe der Abweichung von der Ebenheit und je nach Lage der Beulen und Buckel sind örtlich verschieden starke Schläge erforderlich, die ungleichmäßig über die einzelnen Blattzonen verteilt werden müssen. Mit Hilfe eines Richtlineales ist es möglich, unebene Stellen durch Beobachtung des Lichtspaltes zwischen Sägeblatt und Richtlineal zu erkennen und durch entsprechende Schläge mit dem Richthammer zu beseitigen (Abb. 8).

A b b i l d u n g   8
Prüfung des Richtzustandes mit dem Richtlineal

Schwieriger ist es jedoch, die für bestimmte Sägenabmessungen und Blattdicken sowie für besondere Verwendungszwecke (Holzart, Vorschub, Schnittgeschwindigkeit etc.) günstigste Blattspannung zu erzielen, die nach oder bei dem Richten durch Hammerschläge, in bestimmten Zonen erzeugt werden kann. Es wäre auch möglich, die Blattspannung durch Walzen oder zonale Wärmebehandlung zu erzielen. Nach bisherigen Erfahrungen sind Lage und Größe der Blattspannung bei den verschiedenen Herstellern unterschiedlich.

Die Prüfung der Blattspannung kann mit dem Richtlineal durch Beobachtung des Lichtspaltes vorgenommen werden, der beim Durchbiegen des an gegenüberliegenden Randstellen unterstützten Sägeblattes entsteht.

Vielfach wird auch die sogenannte "Daumendruckmethode" angewandt, die darin besteht, daß das ungefähr in der Mitte durch den Amboß unterstützte Sägeblatt mit beiden Händen an gegenüberliegenden Randstellen gehalten und durch Daumendruck ein Biegemoment erzeugt wird (Abb. 9). Je nachdem, wie stark sich die Randzone gegenüber der Mittelzone sichtbar oder fühlbar durchbiegt, wird die Blattspannung beurteilt.

A b b i l d u n g 9

Prüfung des Spannungszustandes nach der Daumendruckprüfung

Um über die Streuung der bisher üblichen Beurteilung durch Richter hinsichtlich des Richt- und Spannungszustandes ein Bild zu bekommen, wurden 24 von 4 Firmen hergestellte Sägeblätter gleicher geometrischer Abmessungen (450 mm Ø; 2,2 mm Blattdicke; 60 Zähne) durch 10 erstklassige Richter beurteilt. Die ortsüblichen Ausdrücke für den Richtzustand bzw. für die Ebenheit sind:

Gut gerichtet und schlecht gerichtet (Buckel, Kump etc.)

Für den Spannungszustand ergeben sich folgende 7 Spannungsstufen:
Zu lose, etwas lose, normal, etwas fest, fest, zu fest.
Die außerhalb dieser Stufen vorkommenden Spannungsbeurteilungen wie "lahm" und "Wolf" wurden wegen ihrer Seltenheit nicht berücksichtigt.

Bei normaler Blattspannung sollen die Kreissägeblätter bei der Betriebsdrehzahl einwandfrei, d.h. ruhig laufen, also ohne Seitenschlag und ohne seitlich zu schwingen. Man bezeichnet das Blatt als lose, das sich durch zu starke Streckung einer bestimmten Zone - d.h. durch zu viele Schläge - bei Biegebeanspruchung nach der Daumendruckmethode weich anfühlt. Ein Blatt ist dagegen fest, wenn man bei Biegebeanspruchung starken Widerstand spürt. Zu beachten ist, daß zur Erzeugung einer losen Blattspannung mehr zusätzliche Spannungsschläge außer den Richtschlägen erforderlich sind als für feste oder normale Blattspannung, d.h. die innere Spannung ist bei losen Blättern größer als bei normalen oder festen Sägeblättern. Kreissägeblätter gleicher Abmessungen müssen bei höheren Drehzahlen loser gespannt sein als bei niederen.

Die Beurteilungen sind in einer schematischen Übersicht (Abb. 1o) dargestellt, und zwar der Richtzustand "gut" und "schlecht" und darunter der Spannungszustand mit den durch waagerechte Linien gekennzeichneten Stufen. Jedem Kreissägeblatt, dessen Nummer unter dem Richtzustand angegeben ist, wurde eine senkrechte Linie zugeordnet, auf der die Aussagen eines jeden Richters als Punkte eingetragen sind. Aus dieser Darstellung ist sofort ersichtlich, wie stark die Beurteilung durch verschiedene Richter streuen, bzw. bei welchen Sägen eine größere Übereinstimmung vorhanden ist.

Wollte man für die prozentuale Übereinstimmung der Beurteilung des Spannungszustandes die vorstehend genannten 7 Stufen zugrunde legen, so würde man bei den 24 untersuchten Sägen feststellen, daß eine Übereinstimmung von mehr als 60 % nicht vorkommt. Wegen der Unsicherheit der Aussagen wurden nur 3 Spannungsstufen für die Auswertung zugrunde gelegt und besonders hervorgehoben:

1. Stufe: lose   (umfaßt lose und zu lose)
2. Stufe: normal   (umfaßt etwas lose, normal und etwas fest)
3. Stufe: fest   (umfaßt fest und zu fest)

Bei dreistufiger Spannungsunterteilung ergeben sich folgende prozentuale

Forschungsberichte des Wirtschafts- und Verkehrsministeriums Nordrhein-Westfalen

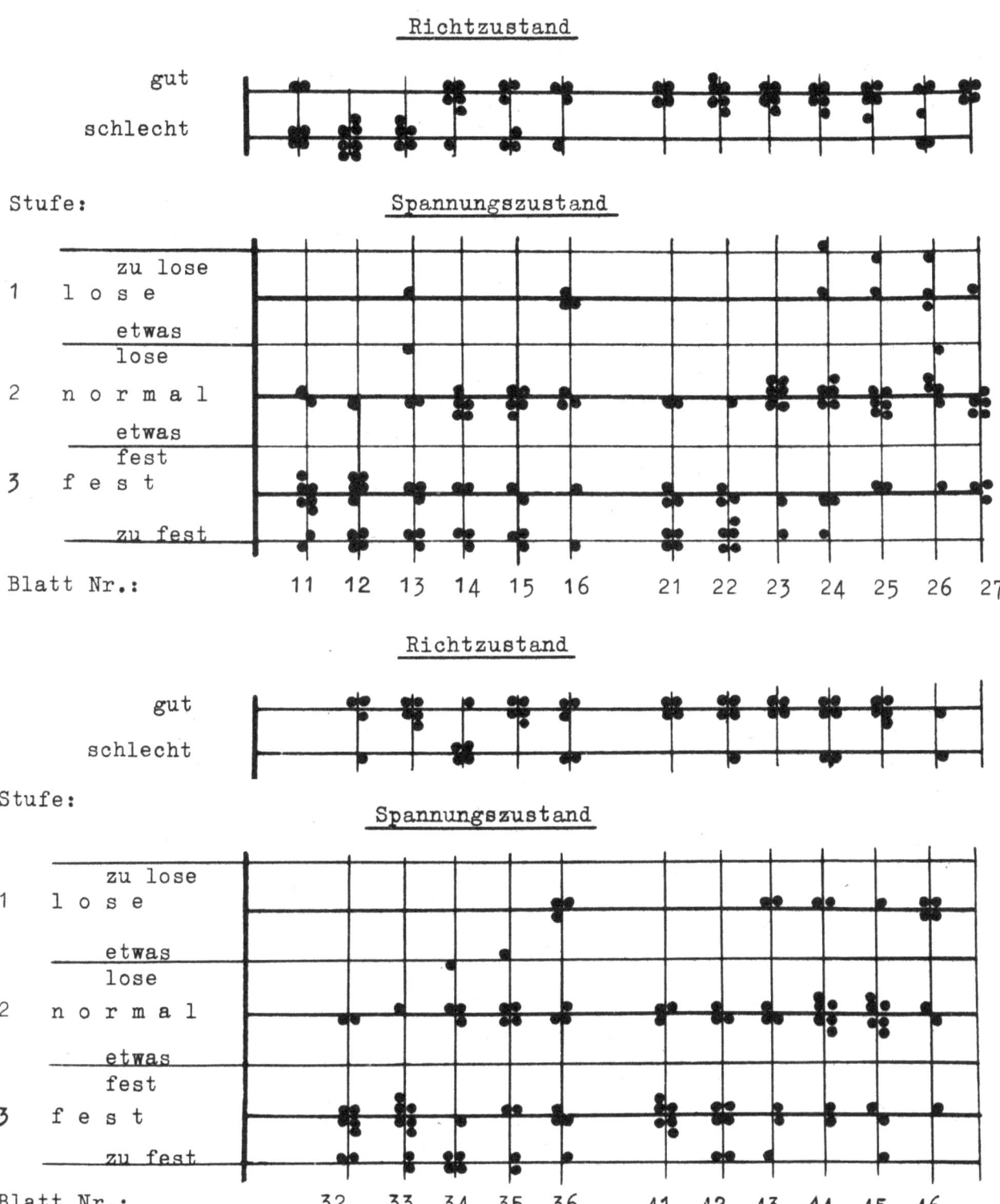

Abbildung 1o

Reihenuntersuchung an Kreissägeblättern

Schematische Darstellung

Übereinstimmungen, wenn Abweichungen vom Mittelwert um ± 1/2 Stufe zugelassen werden:

	90	80	70	60	50	40	40 % Übereinstimmung
bei	4	6	2	3	4	1	4 Sägen
oder in % bei	17	25	8	12	17	4	17 % der Sägen

Aus der Tabelle ergibt sich eine 70 - 90%ige Übereinstimmung der Spannungsbeurteilung, nur bei 12 Sägen (bzw. 50 % der Sägen), eine mehr als 50 %ige Übereinstimmung bei 15 Sägen (bzw. 63 % der Sägen) oder mit anderen Worten, bei mehr als einem Drittel aller untersuchten Sägen weichen die Urteile der Hälfte der Sägenrichter um eine Spannungsstufe und mehr von einander ab. Das bedeutet, daß die Beurteilung der Sägen nach der bisherigen Gefühlsmethode höchst problematisch und unsicher ist. Die gleiche Unsicherheit wird bei einem Vergleich der Aussagen über den Richtzustand festgestellt.

4. Momentenhebel-Prüfeinrichtung für den Richt- und Spannungszustand

Wegen der Unsicherheit der subjektiven Prüfmethode für den Richt- und Spannungszustand wurde eine objektive Methode in Anlehnung an die "Daumendruckprüfung" entwickelt, mit der der Ebenheits- und Spannungszustand jederzeit reproduzierbar gemessen werden kann (Abb. 11).

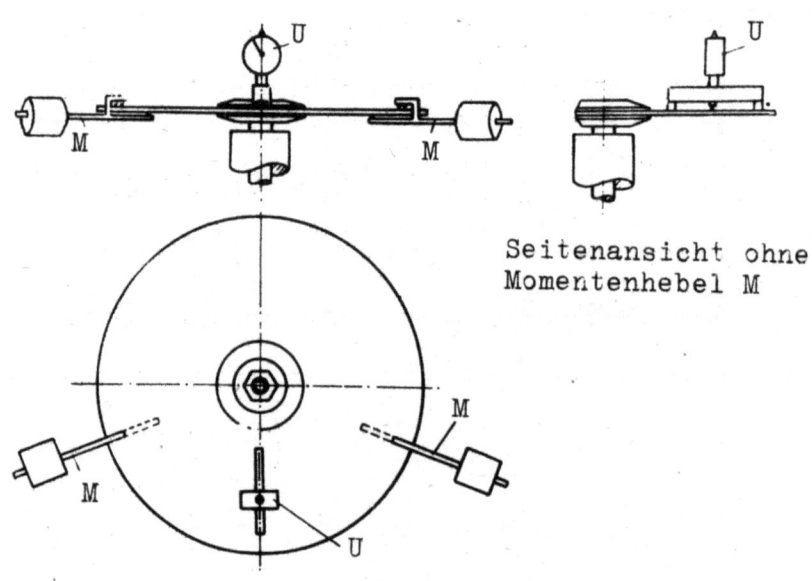

Abbildung 11

Prüfverfahren für den Richt- und Spannungszustand von Kreissägeblättern

Forschungsberichte des Wirtschafts- und Verkehrsministeriums Nordrhein-Westfalen

Prinzip des Prüfverfahrens

Hierbei wird das Kreissägeblatt in üblicher Weise auf einer Sägenwelle mit vertikaler Achse befestigt. Das erforderliche Biegemoment wird durch zwei Momenthebel (M) ausgeübt und die Durchbiegung gegenüber dem unbelasteten Zustand in der Mitte zwischen beiden Momenthebeln durch eine, auf einer Tuschierplatte eingestellten Meßuhr (U) angezeigt. (Die gegenseitige Lage der Momenthebel und der Meßuhr wird beispielsweise durch eine Schablone gesichert). Es genügt, etwa 2o ... 3o mit gleichem Winkelabstand über das Kreissägeblatt verteilte Messungen auszuführen. Somit ergeben sich mit der Einrichtung ohne Momenthebel eine Kurve für den Richtzustand bzw. für die Ebenheit (E) (Abb. 12) und mit der vollständigen Prüfeinrichtung eine Kurve für die Durchbiegung (D) durch Belastung mit dem Momenthebel. Der Unterschied beider Kurven ist dann ein Maß für den Spannungszustand S = D - E.

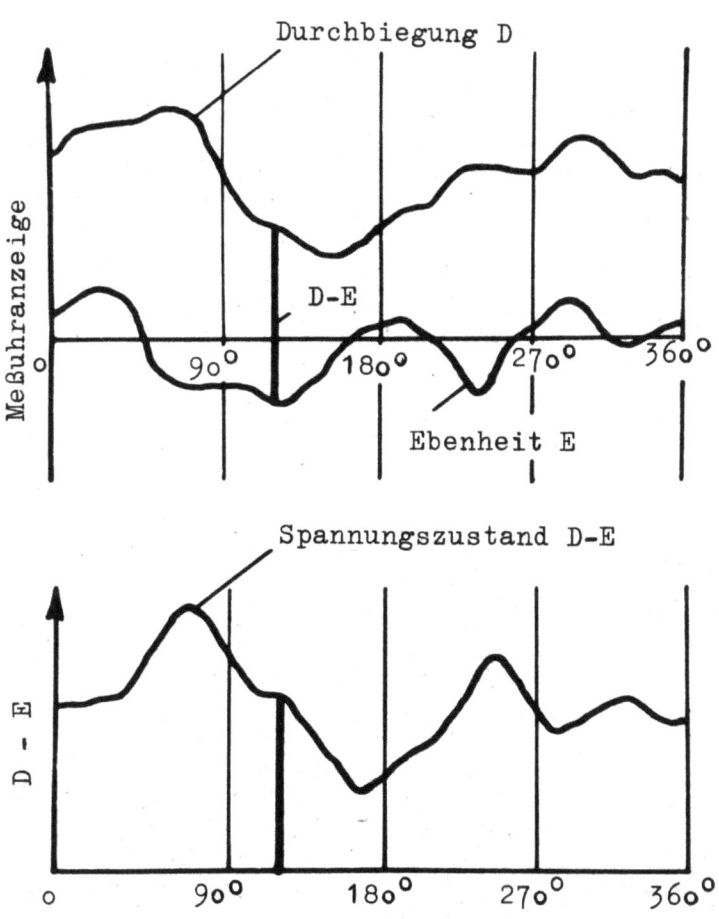

A b b i l d u n g 12
Darstellung des Richt- und Spannungszustandes

Versuchsergebnisse

Ein Vergleich der Kurven für 6 Kreissägeblätter zeigt, wie unterschiedlich die Kurven für schlecht und gut gerichtete Sägen ausfallen (Abb. 13).

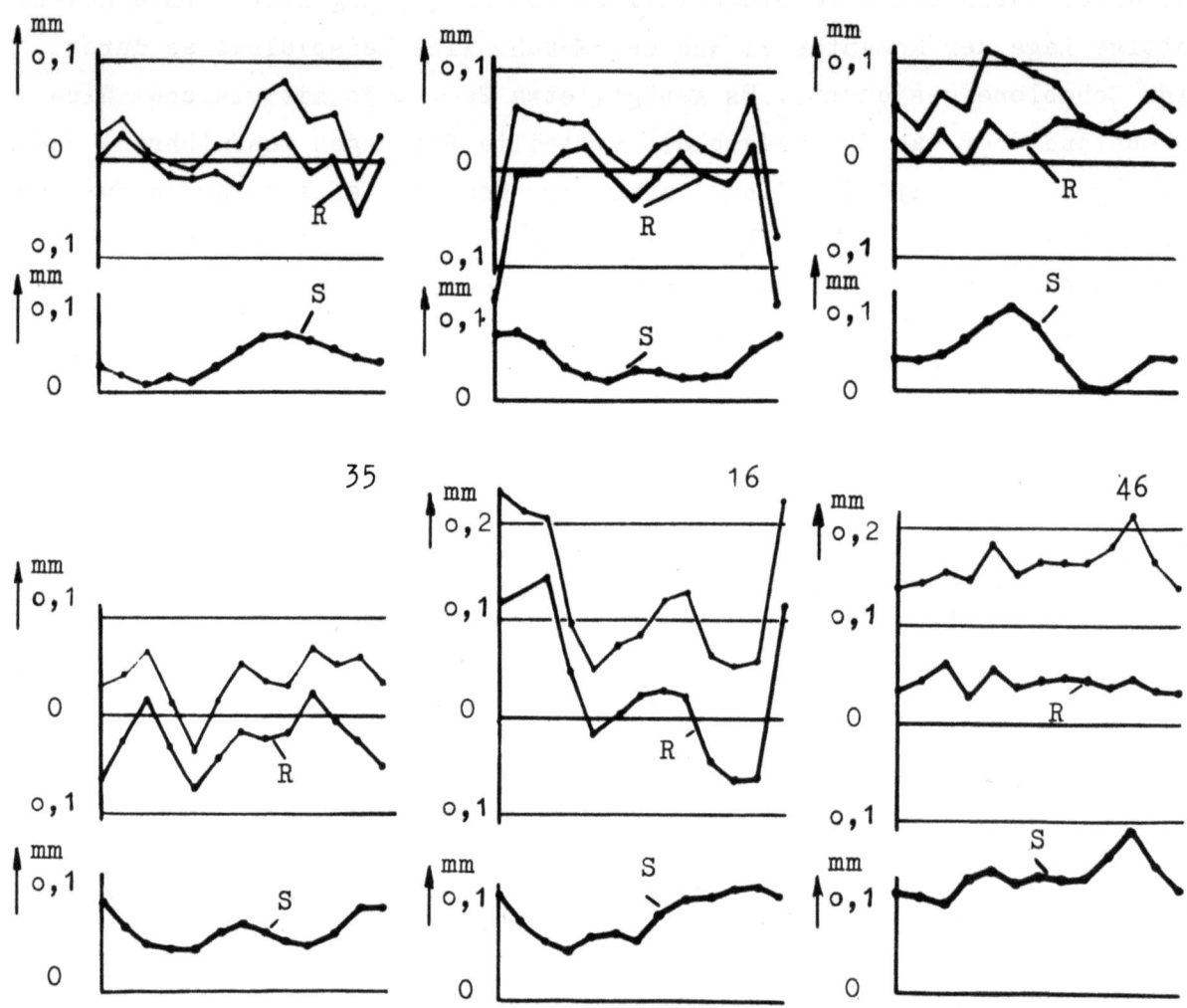

Abbildung 13
Versuchsergebnisse

Aus den Kurven für den Richtzustand (E), Durchbiegung (D) und Spannungszustand (S) wurden die Mittelwerte gebildet und diese in Abbildung 14 für insgesamt 24 Sägen dargestellt.

Jeder Säge, deren Nummer unten eingetragen ist, ist eine senkrechte Linie zugeordnet, auf der die Werte für Richtzustand bzw. Ebenheit (E) Durchbiegung (D) und Spannungszustand (S) zu finden sind. Die Mittelwerte sind für den Richtzustand als Kreuz, für Durchbiegung (D) als Punkt und für den Spannungszustand (S) als Kreis eingetragen. Höchst- und Tiefwerte sind durch Balkenstriche verbunden.

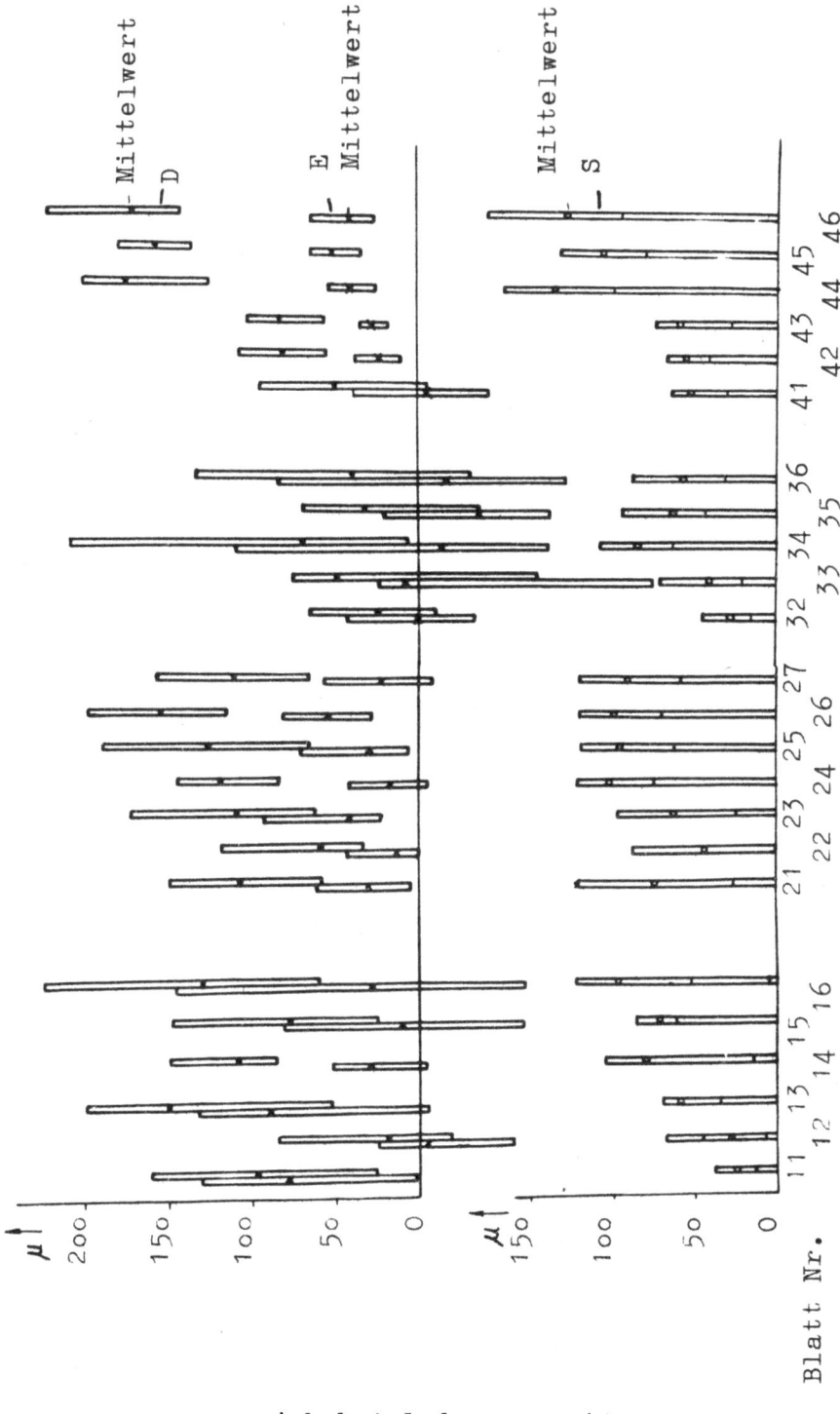

Abbildung 14
Richt- und Spannungszustand von Kreissägeblättern

Forschungsberichte des Wirtschafts- und Verkehrsministeriums Nordrhein-Westfalen

5. Kritischer Vergleich der Versuchsergebnisse mit der Momentenhebel-Prüfeinrichtung und der Beurteilung des Richt- und Spannungszustandes durch Sägenrichter

Nach den Untersuchungsergebnissen konnten Spannungsstufen festgelegt und die Güte des Richtzustandes beurteilt werden. Die Ergebnisse sind in Abb. 15 und 16 durch Kreuze dargestellt. Außerdem finden wir die Mittelwerte aus den Reihenuntersuchungen als Kreis.

Die Abweichungen aus beiden Prüfmethoden betragen in 12 von 24 Fällen, das sind 50 % nur ¼ Stufe und weniger, in 6 Fällen ca. 25 % ½ Stufe weniger und in 6 Fällen ca. 25 % ½ Stufe bis ¼ Stufe.

Diese Übereinstimmung kann als gut bezeichnet werden, wenn man bedenkt, daß die Abweichungen der Beurteilungen durch Sägenrichter untereinander im Durchschnitt um 3 Spannungsstufen streuen.

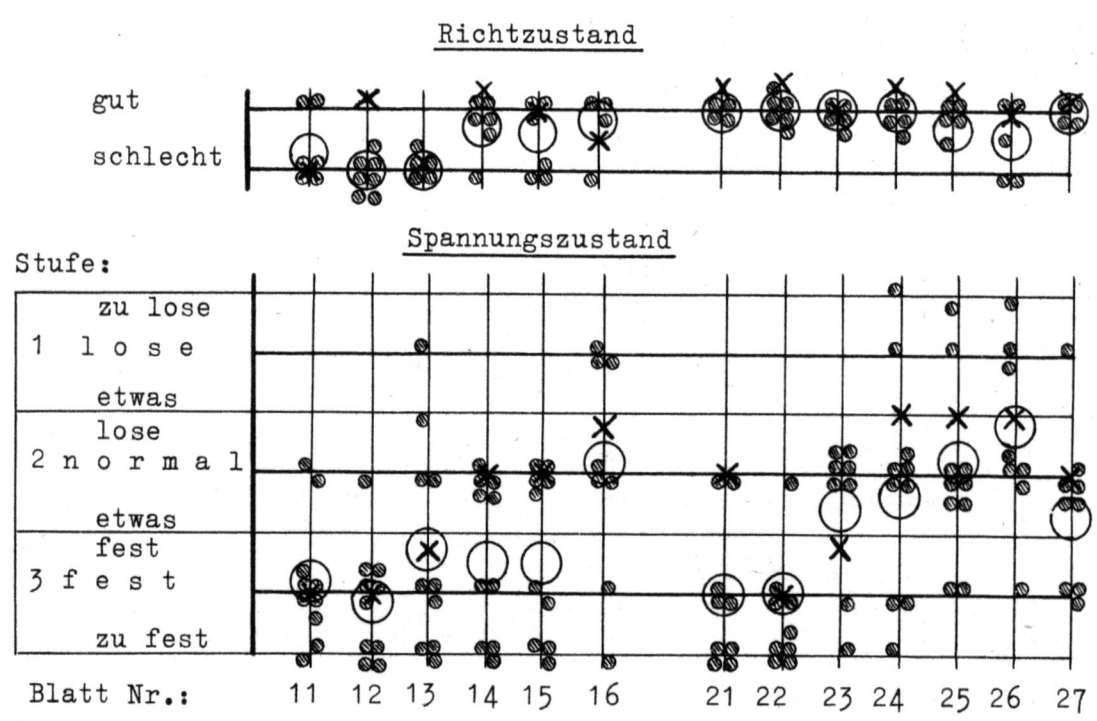

Abbildung 15

Vergleich der Versuchsergebnisse mit der Gefühlsmethode

Abweichungen bis zu 1/2 Stufe sind praktisch bedeutungslos. Somit beträgt die Übereinstimmung der Ergebnisse der Prüfmethoden und der Beurteilung durch Sägenrichter 75 %.

Auch in Bezug auf den Richtzustand stimmen die Aussagen der Sägenrichter mit den Meßergebnissen in 22 Fällen von 24 Fällen praktisch überein. Zu bemerken ist, daß die Sägenrichter nicht bei jedem Sägenblatt den Richtzustand beurteilt haben, insbesondere nicht in zweifelhaften Fällen.

Wegen der guten Übereinstimmung der Meßergebnisse mit dem Mittelwert der Beurteilung durch Sägenrichter wurde die Prüfmethode als brauchbar erachtet. Die Bedeutung des gegenüber der Gefühlsmethode genaueren Meßverfahrens liegt für den Hersteller darin, daß bei der Fertigung durch Zwischen- und Endkontrollen eine größere Gleichmäßigkeit der Spannung und infolgedessen bessere Laufeigenschaften der Kreissägen (bessere Schnittgüte, geringerer Schnittverlust), somit also eine Qualitätssteigerung erzielt werden kann. Es ist ferner möglich, nach einem Muster-Sägeblatt

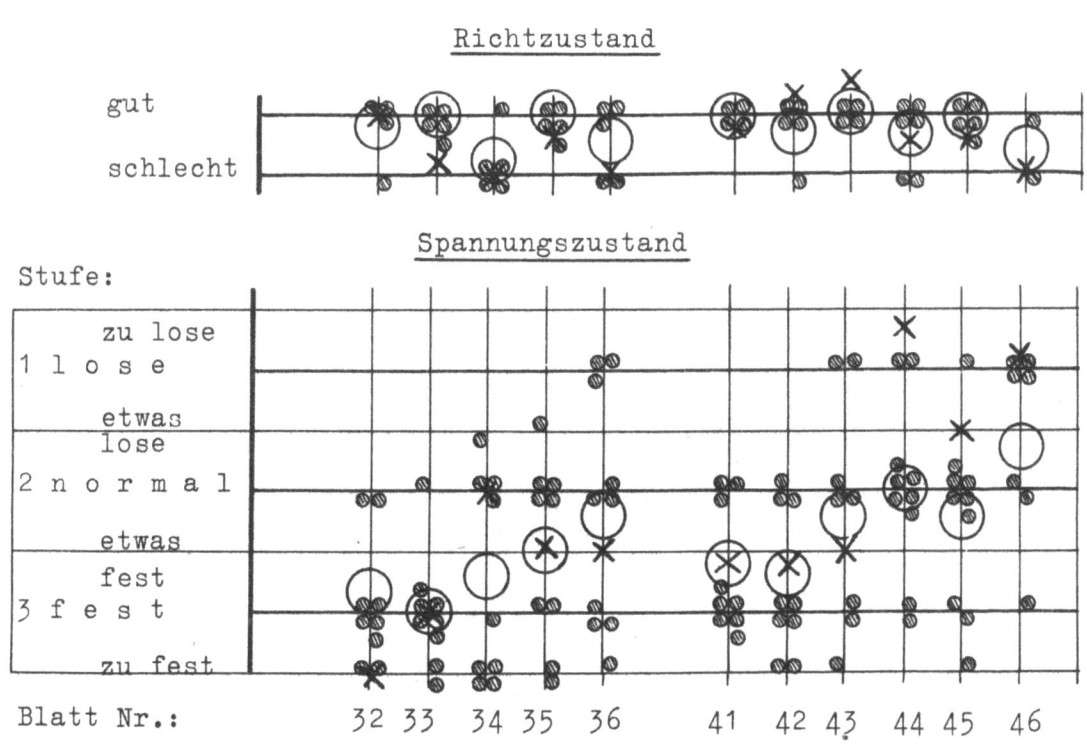

A b b i l d u n g 16

Vergleich der Versuchsergebnisse mit der Gefühlsmethode

gleiche Sägeblätter serienmäßig herzustellen. Der Verbraucher seinerseits hat die Möglichkeit, selbst den Richt- und Spannungszustand zu prüfen, was besonders beim Nachschärfen und Nachspannen unerläßlich ist. Der Hauptvorteil des Meßverfahrens liegt bei der Forschung, da ohne einwandfreie Beurteilung insbesondere des Spannungszustandes der Erfolg weiterer Untersuchungen infrage gestellt ist, die zur Aufdeckung etwaiger Zusammenhänge zwischen den bei der Herstellung feststellbaren Eigenschaften und dem Arbeitsverhalten führen sollen.

6. Schreibendes Momentenhebel-Prüfgerät für den Richt- und Spannungszustand von Kreissägeblättern

Um schnellere Ergebnisse zu erhalten, wurde das Meßverfahren zu dem schreibenden Prüfgerät (Abb. 17) weiterentwickelt, mit dem die für den

Abbildung 17
Schreibendes Momentenhebel-Prüfgerät

D Druckknopfschalter   H Schalthebel
M Momentenhebel   S Schreibeinrichtung
T Tasteinrichtung

Forschungsberichte des Wirtschafts- und Verkehrsministeriums Nordrhein-Westfalen

Richt- und Spannungszustand maßgeblichen Kurven automatisch aufgezeichnet werden. Dieses Gerät weist gegenüber dem Laborgerät u.a. folgende Vorteile auf:

1. Verwendbarkeit für Kreissägen verschiedener Durchmesser (400 bis 600 mm) durch Verstellbarkeit der Momenthebel (M) und der Tasteinrichtung (T) (Abb. 18).

2. Durch Umlegen eines Hebels (H) lassen sich die Momenthebel auf das Sägeblatt aufsetzen oder wegnehmen.

3. Aufzeichnung der Meßpunkte als Kurven auf Diagrammpapier nach dem Prinzip des Nachlaufschreibers (S).

Das Nachlaufprinzip beruht bekanntlich darauf, daß durch eine veränderliche Größe (kleine Kraft oder bzw. und kleiner Weg z.B. Zeigerausschlag) auf mechanischem, elektrischem, optisch-elektrischem oder pneumatischem Wege, wobei beliebige Kombinationen möglich sind, unter Relaiswirkung eine beliebig große Leistung gesteuert wird, wie z.B. zur Betätigung von Funktionen an Maschinen.

Dieses Verfahren ist für die Aufzeichnung von langsam veränderlichen Meßgrößen bisher vernachlässigt worden. Die vergrößerte Aufzeichnung von Vorgängen auf rein mechanischem Wege ist durch die mit größer werdenden Übersetzungen kleiner werdenden Schreibkräften und den damit verbundenen

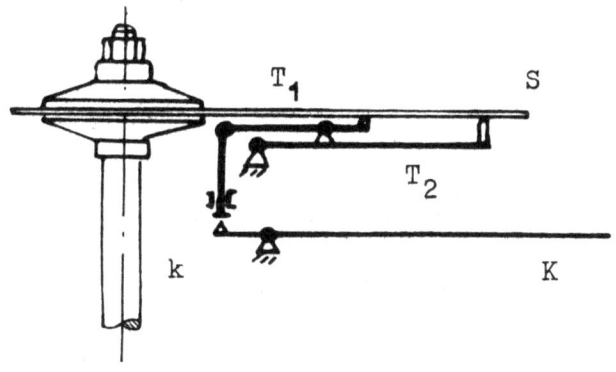

Abbildung 18
Tasteinrichtung

K Kontakthebel   k Kontakt
S Kreissägeblatt T_1, T_2 Tasthebel

Schwierigkeiten der Aufzeichnung begrenzt. Diese Nachteile hat das Verfahren nach dem Prinzip des Nachlaufschreibers nicht (Abb. 19).

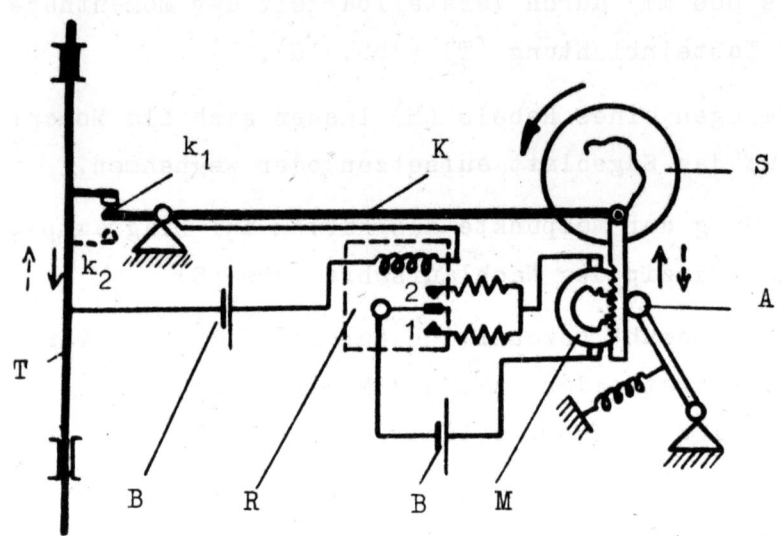

A b b i l d u n g 19

Prinzip des Nachlaufschreibers

A Andrucksrolle   B Batterie
K Kontakthebel k_1, k_2 Kontakt
M Motor   R Relais
S Schreibvorrich- T Tastbolzen
  tung

Es beruht darauf, daß ein Kontakt (k) je nach der Bewegung des Tastbolzens (T) geöffnet oder geschlossen wird. Bei Öffnung des Kontaktes (k) wird der Stromkreis des Relais (R) geöffnet, somit der Kontakt 1 geschlossen und der Kontakthebel (K) durch den Motor (M) so bewegt, daß der Kontaktabstand für den Kontakt (k) kleiner wird, bis dieser den Stromkreis des Relais (R) schließt. Nun schaltet das Relais auf Kontakt 2 um, das Feld des Motors wird umgepolt, der Motor läuft in entgegengesetzter Drehrichtung und bewegt den Kontakthebel (K) bis der Kontakt (k) geöffnet ist und der Vorgang sich wiederholt. Praktisch wird die Bewegung des Kontakthebels in schneller Folge umgekehrt. Bei einer Kontaktgenauigkeit von 1 und einem Übersetzungsverhältnis von 1/500 würde der Schreibstift bei Stillstand des Tastbolzens einen Pendelweg von 0,5 mm machen, was praktisch zu vernachlässigen ist.

Nach der 2. Nachlaufmethode mit Wechselkontakt k_1, k_2 (Abb. 19) folgt der Motor nur bei Veränderungen des Tastbolzens. Um möglichst kleine Umkehrspanne zu erhalten, wird das Spiel des federnden Doppelkontaktes auf Null eingestellt. Als Schreibstift ist beispielsweise der bekannte Kugelschreiber-Einsatz gut geeignet.

Da der Kontakthebel sich in senkrechter Ebene bewegt und das Diagramm in waagerechter Ebene aufgezeichnet wird, ist eine Umlenkung der Bewegung z.B. durch ein über 3 Rollen umgelenktes Drahtseil erforderlich, das einerseits mit dem Hebel (K) (Abb. 19) verbunden ist und andererseits den Schreibhebel mit dem Schreibstift (S) mitnimmt. Der Tasthebel wird nach einer ebenen Lehrscheibe, die anstelle des Sägeblattes eingespannt wird, auf Null eingestellt.

Die Aufnahme erfolgt zunächst ohne die Momenthebel, die mit dem Schalthebel (H) - siehe Abb. 17 - abgehoben sind. Es wird zunächst die für den Richtzustand maßgebliche innere Kurve (R) geschrieben.

Nach einer Umdrehung wird der Schalthebel umgelegt und somit die Momentenhebel auf das Kreissägeblatt aufgesetzt und die äußere Kurve (D) aufgezeichnet, deren Unterschied $S = D - R$ gegenüber der 1. Kurve ein Maß für den Spannungszustand ist.

Die Null-Linie wird mit einem Hilfsschreibstift geschrieben, der auf den mit dem Schreibstift einmalig aufgezeichneten Null-Linien-Ansatz eingestellt wird.

Die Auswertung erfolgt zweckmäßigerweise nach Grenzwerten, die für den Richt- und Spannungszustand auf Grund von weiteren Reihenuntersuchungen festzulegen wären. Für den Richtzustand würden sich 2 Grenzkreise a und b (Abb. 2o) in gleichem Abstand von der Null-Linie ergeben, zwischen denen Sägeblätter mit gutem Richtzustand liegen.

Bei Überschreitung eines Grenzkreises könnte der Richtzustand vorschlagsweise als ausreichend, bei mehrfacher Überschreitung eines Grenzkreises oder einmaliger Überschreitung beider Grenzen als schlecht (Ausschuß) bezeichnet werden.

Der Praxis und weiteren Reihenuntersuchungen bleibt es überlassen, die Grenzen für die Bewertung bzw. für die Nacharbeit festzulegen.

Um den Spannungszustand zu ermitteln, könnten die Unterschiede zwischen

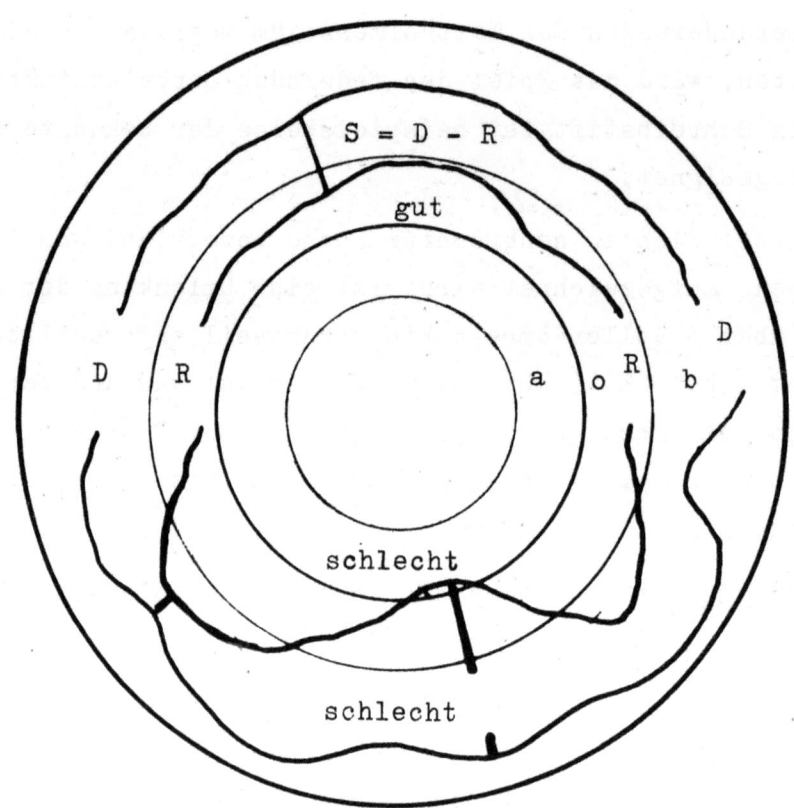

Abbildung 20
Kreisdiagramm für Richtzustand (R) und Durchbiegung (D)

Richtzustand (R) und der Durchbiegung (D) als dritte Kurve (S) aufgezeichnet werden (Abb. 21).

Unter Zugrundelegung der drei gebräuchlichen Spannungsstufen (vergl. Abschnitt 3) fest, normal und lose ergeben sich drei durch konzentrische Grenzkreise o, 1 und 2, bestimmte Spannungsbereiche f, n und l, nach denen der Spannungszustand in ähnlicher Weise wie der Richtzustand beurteilt werden könnte. Da die S - Kurve als Differenz aus der R- und D - Kurve konstruiert werden müßte, wird man in der Praxis die Auswertung unmittelbar aus den automatisch aufgezeichneten Kurven R und D nach einer Schablone vornehmen (Abb. 22), die mit ihrem Zentrierpunkt (Z) auf den Mittelpunkt des Diagramms gelegt wird, das mit dem Loch beispielsweise auf einen Zapfen aufgesteckt wird. Die Schablone besitzt einen auf Grundkörper (K) lösbar befestigten Teil für die Toleranzen gut und schlecht des Richtzustandes (R) und einen in radialer Richtung mit dem Drehgriff (G) leicht verschiebbaren Teil für die Spannungsstufen (S) für fest, normal und lose.

Forschungsberichte des Wirtschafts- und Verkehrsministeriums Nordrhein-Westfalen

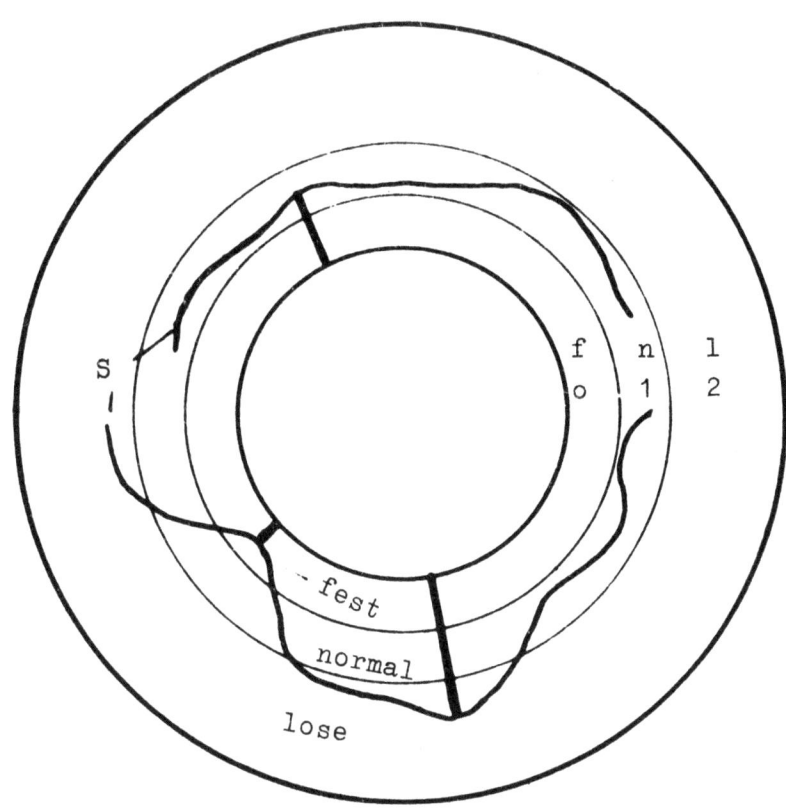

Abbildung 21
Kreisdiagramm für den Spannungszustand S = D - R

Mit dem Drehgriff kann die vollständige Schablone außerdem um den Mittelpunkt (Z) gedreht werden; sie wird mit dem Nullpunkt auf die Kurve für den Richtzustand (R) eingestellt, die Kurve für die Durchbiegung (D) geht dann durch das Toleranzfeld des Spannungszustandes. Die Aufnahme der Kurven R und D einschließlich Auflegen des Sägeblattes dauert für Sägeblätter von 300 ... 500 mm ⌀ durchschnittlich 2 min, das Auswerten etwa 1/2 min. Demgegenüber steht die Richt- und Spannzeit von etwa 25 min, für die gleiche Arbeit nach der subjektiven Methode von Hand.

7. Seitenschlag

Da die verschiedenen Seitenschlag verursachenden Herstellungs- und Gebrauchsfehler (vergl. Abschnitt 1) ähnlich wie bei den Zahnrädern in der Regel als Summe in Erscheinung treten, genügt es nicht, die Einzelfehler getrennt zu ermitteln. Die Kenntnis der Einzelfehler ist wichtig für die Herstellung der Sägeblätter, während die Summenfehler maßgebend sind für das Arbeits- bzw. Schwingungsverhalten.

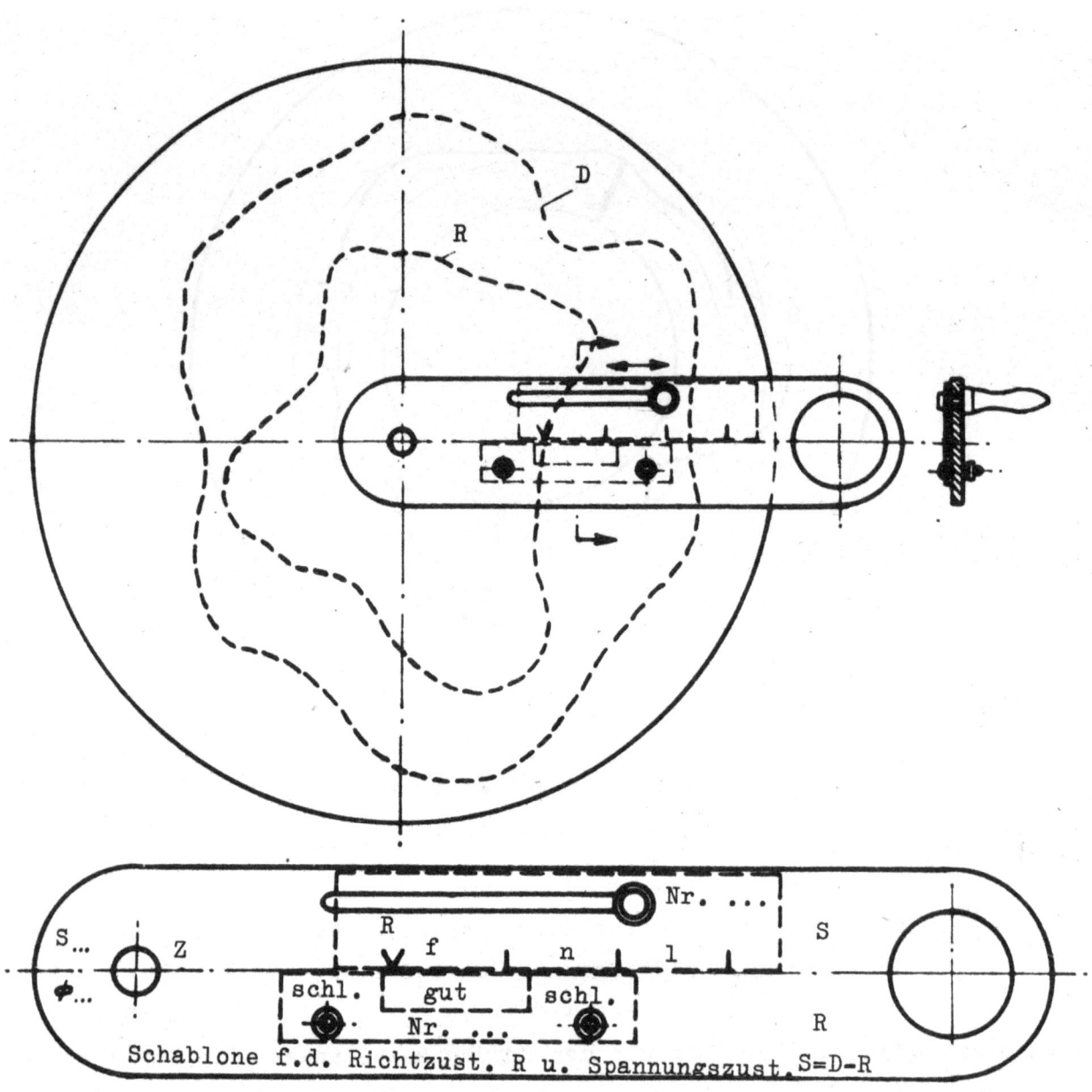

Abbildung 22
Auswerte-Schablone für Richt- und Spannungszustand

Im Rahmen des vorliegenden Forschungsberichtes soll nur der Seitenschlag unmittelbar nach der Fertigung, und zwar im Ruhezustande betrachtet werden. Er wird hauptsächlich durch Schränk- und Richtfehler hervorgerufen. Mit neuzeitlichen Schränkapparaten sind Schränkgenauigkeiten von $1/100$ mm mühelos zu erreichen, wobei die Kontrolle beim Schränken vorgenommen wird. Der durch Richtfehler bedingte Seitenschlag wurde mit einer spielfrei gelagerten Prüfwelle (Abb. 23) bestimmt, mit der auch Voruntersuchungen der Laufeigenschaften durchgeführt werden konnten. Zwei Meßuhren dienten zur Feststellung des Seitenschlages, einerseits unmittelbar am Zahngrund und andererseits in der Spannungszone des Sägeblattes. Außerdem war eine Beobachtung der Zahnspitzen mit dem Meßmikroskop möglich.

Mit dem schreibenden Momentenhebel-Prüfgerät (Abb. 18) ist es auch möglich, den Seitenschlag festzustellen. Hierzu wird der Tasthebel T_1 festgelegt, der dann den Seitenschlag in Verbindung mit der automatischen Schreibeinrichtung aufzeichnet. Bei mehreren Sägeblättern wurde ein durchschnittlicher Seitenschlag von $\pm$ 0,1 mm festgestellt. Dieser Wert liegt um eine Größenordnung höher als die mit Schränkapparaten erreichbaren Genauigkeiten.

Abbildung 23
Seitenschlag-Prüfeinrichtung

Forschungsberichte des Wirtschafts- und Verkehrsministeriums Nordrhein-Westfalen

Hinzu kommt, daß auch die Einspannung sich verändernd auf den Seitenschlag auswirkt, sofern die Kreissägeblätter in der Bohrung nicht gut gerichtet sind. Es wird Aufgabe weiterer Untersuchungen sein, dieses Mißverhältnis der erzielbaren Richtgenauigkeiten des Seitenschlages im Vergleich zu den Schränkgenauigkeiten im Hinblick auf den Einfluß auf Schnittgüte, Schnittverlust etc. kritisch zu betrachten.

Zusammenfassung

Es wurde aufgezeigt, daß aus der Vielzahl der Herstellungs- und Gebrauchsfehler 2 Größen einen wesentlichen Einfluß auf die Qualität der Kreissägeblätter haben: 1. Blattdickenunterschiede und 2. Richt- und Spannungszustand.

Um ratterfreies Laufen bzw. geringe Unwucht der Kreissägeblätter zu erzielen, hat man bisher große Sorgfalt auf enge Passtoleranzen zwischen Blattbohrung und Wellenzapfen gelegt. Es wurde durch Rechnung nachgewiesen und durch Versuchsreihen bestätigt, daß die durch Blattdickenunterschiede hervorgerufene Unwucht etwa eine Größenordnung höher liegt als die durch Passtoleranz verursachte Unwucht. Es muß also größerer Wert auf die Planparallelität der Kreissägeblätter gelegt werden als bisher. Obwohl das Schleifen auf Magnetfutter überlegungsmäßig bessere Planparallelität ergeben müßte, zeigten Kreissägeblätter, die zwischen Steinen geschliffen waren, wider Erwarten einen höheren Grad der Planparallelität. Die Schleifmaschinen mit Magnetfutter müssen also in Bezug auf Seitenschlag und Lagerspiel sorgfältiger kontrolliert werden. Größte Sorgfalt muß ferner auf einwandfrei saubere Flächen des Magnetfutters gelegt werden, wenn die erzielbaren Genauigkeiten erreicht werden sollen.

Während Fehler durch Blattdickenunterschiede maschinell bedingt sind und bei einem tragbaren Mindestaufwand an Schleifarbeit in erster Linie von der Genauigkeit der Schleifmaschine und der Sorgfalt beim Schleifen abhängen, steht die Güte des Richt- und Spannungszustandes bisher mit dem handwerklichen Geschick und der persönlichen Beurteilung des Bearbeitungszustandes in engem Zusammenhang.

Es wurde durch Reihenuntersuchungen nachgewiesen, mit welchen Ungenauigkeiten bei gefühlsmäßiger Beurteilung zu rechnen ist, ferner daß der

Richt- und Spannungszustand aus den mit dem neu entwickelten Momentenhebel-Prüfgerät aufgezeichneten Diagrammen für Richt- und Spannungszustand hinreichend gut und genau beurteilt werden kann.

Wie aus bisherigen Vorversuchen[1] mit einem Leerlaufversuchsstand festgestellt wurde, treten bei jedem Kreissägeblatt bei verschiedenen Drehzahlen u.a. Formänderungen insbesondere in der Randzone auf, ohne daß es sich hierbei um Schwingungen des Blattes handelt. Diese Formänderungen können als Seitenschlagänderungen gemessen werden und wirken sich als Schnittverlust und unsauberer Schnitt aus. Sie sind vermutlich die Ursache für Temperaturerhöhung, Stumpfwerden, Spannungsrisse und erhöhte Unfallgefahr. Bei Raumtemperatur ist der Seitenschlag oberhalb einer bestimmten für jedes Sägeblatt verschiedenen Drehzahl gering.

Tritt jedoch Erwärmung der Randzone auf, so werden je nach der Größe der Temperaturerhöhung starke Formänderungen hervorgerufen, die ihrerseits durch vergrößerte Reibung zu weiterer Temperatursteigerung gegebenenfalls zur Zerstörung des Sägeblattes führen können.

Es muß daher durch weitere Reihenuntersuchungen festgestellt werden, ob zwischen den bei der Herstellung feststellbaren Fehlern bzw. Eigenschaften, insbesondere dem Richt- und Spannungszustand einerseits und dem Arbeitsverhalten andererseits gewisse Zusammenhänge bestehen, über die bisher keine zuverlässigen Angaben - weder aus Literatur noch aus der Praxis - zu erhalten sind und deren Ermittlung zu dem weiteren Aufgabengebiet der Forschung gehört.

Dr.-Ing. EGINHARD B A R Z

---

[1] Sonderbericht in Vorbereitung

Forschungsberichte des Wirtschafts- und Verkehrsministeriums Nordrhein-Westfalen

Literaturverzeichnis

AWF. Betriebsblatt AWF 51. Kreissägen für Holz-Längsschnitt, 7. Aufl. Berlin und Köln: Beuth-Vertrieb 1952. 2o S. A 5

AWF. Betriebsblatt AWF 54. Kreissägen für Holz-Querschnitt, 2. Aufl. Berlin: Beuth-Vertrieb. April 1940. 4 S. A 5

DOMINICUS, MAX. Handbuch über Sägen. Wuppertal-Barmen. Imo-Großdruckerei (1941) 229 S. A 5

LEVERINGHAUS, Dipl.Ing. ROBERT WALTER (in Remscheid). Sägenstähle. In: Werkstoff-Handbuch Stahl und Eisen. Bearbeitet von Dr. Ing. KARL DAEVES. 2. Aufl. Düsseldorf. Verlag Stahleisen mbH. 1937. S. P 71-1 bis 71-4

LÖFFLER, Dr. KARL. Die moderne Sägeblatterzeugung. Österreichs Forst- und Holzwirtschaft 4 (1949), Nr. 8 (21.April), S. 116 bis 117

RIPKE, G. Die Herstellung der Sägen. Aus G. RIPKE und F. LIEBETANZ: Der praktische Maschinenbauer. Leipzig: Arnd. 1906 S. 347 bis 385. Enthält viele Beschreibungen aus der Sägenfabrik J.D. Dominicus & Söhne in Remscheid-Vieringhausen

SACHSENBERG, E. (Dresden). Vergleichende Untersuchung blankgeschliffener und ungeschliffener sogenannter schwarzer Sägeblätter. Holz als Roh- und Werkstoff 6 (1943) H. 8 bis 9 (Aug. bis Sept.) S. 246 bis 249

FENZL, F. Warum Gittersäge ? Zum Andenken an OSCAR BIERMANN. Sonderdruck aus der Fachzeitschrift "Sägewerk, Holzverarbeitende Industrie und Holzwirtschaft" (Wien) 3 (1949) H. 3 (März), S. 13 bis 18 A 4

FÖPPL, Prof. Dr. phil. Dr. Ing. AUGUST (München). Vorlesungen über Technische Mechanik. Fünfter Band. Die wichtigsten Lehren der höheren Elastizitätstheorie. 4. Aufl. Mit 44 Fig. im Text. Leipzig und Berlin B.G. Teubner 1922. 372 A. A 5. - § 16 (S.85 bis 89): Die rotierende Scheibe.

LINDHOLM, Docent EINAR (Stockholm). Circelsågars buckling (= Buckligwerden) vid symmetrisk temperaturfördelning. Teknisk Tidskrift, 18.März 1950, S. 243 bis 247

SCHMALTZ, Prof. Dr. Ing. Dr. med. h.c. Die amerikanischen Methoden zur Behandlung der Bandsägeblätter und ihre elastizitätstheoretische Begründung. Z. VDI 71 (1927) S. 1645 bis 1653

Forschungsberichte des Wirtschafts- und Verkehrsministeriums Nordrhein-Westfalen

THUNELL, BERTIL (Mechanisch-Technologisches Institut der Schwedischen Holzforschungsanstalt Stockholm). Fortschritte bei der Zerspanungsforschung von Holz. Sonderabdruck aus der Zeitschrift Holz (Berlin) 9 (1951), H.1 (Jänn.), S. 11 bis 2o. A 4

RAUHUT, Dipl. Ing. H.U. Typenvereinfachung in der Werkzeugindustrie. Anzeiger Masch.Wesen (Essen) 62 (194o) Nr. 43 (28.Mai)

BARZ, Dr. Ing. EGINHARD, Remscheid. Fehler an Kreis- und Gattersägen und ihre Prüfung. Industrie-Anzeiger 74. Jahrgang Nr. 94 und 96. (1952). Verlag W. Girardet (Essen)

FORSCHUNGSBERICHTE DES WIRTSCHAFTS- UND VERKEHRSMINISTERIUMS NORDRHEIN-WESTFALEN

Herausgegeben von Ministerialdirektor Prof. Leo Brandt

Heft 1:
Prof. Dr.-Ing. Eugen Flegler, Aachen,
Untersuchungen oxydischer Ferromagnet-Werkstoffe

Heft 2:
Prof. Dr. phil. Walter Fuchs, Aachen,
Untersuchungen über absatzfreie Teeröle

Heft 3:
Techn.-Wissenschaftl. Büro für die Bastfaserindustrie, Bielefeld,
Untersuchungsarbeiten zur Verbesserung des Leinenwebstuhls

Heft 4:
Prof. Dr. E. A. Müller u. Dipl.-Ing. H. Spitzer, Dortmund,
Untersuchungen über die Hitzebelastung in Hüttenbetrieben

Heft 5:
Dipl.-Ing. Werner Fister, Aachen,
Prüfstand der Turbinenuntersuchungen

Heft 6:
Prof. Dr. phil. Walter Fuchs, Aachen,
Untersuchungen über die Zusammensetzung und Verwendbarkeit von Schwelteerfraktionen

Heft 7:
Prof. Dr. phil. Walter Fuchs, Aachen,
Untersuchungen über emsländisches Petrolatum

Heft 8:
Maria Elisabeth Meffert und Heinz Stratmann, Essen
Algen-Großkulturen im Sommer 1951

Heft 9:
Techn.-Wissenschaftl. Büro für die Bastfaserindustrie, Bielefeld,
Untersuchungen über die zweckmäßige Wicklungsart von Leinengarnkreuzspulen unter Berücksichtigung der Anwendung hoher Geschwindigkeiten des Garnes
Vorversuche für Zetteln und Schären von Leinengarnen auf Hochleistungsmaschinen

Heft 10:
Prof. Dr. Wilhelm Vogel, Köln,
„Das Streifenpaar" als neues System zur mechanischen Vergrößerung kleiner Verschiebungen und seine technischen Anwendungsmöglichkeiten

Heft 11:
Laboratorium für Werkzeugmaschinen und Betriebslehre, Technische Hochschule Aachen,
1. Untersuchungen über Metallbearbeitung im Fräsvorgang mit Hartmetallwerkzeugen und negativem Spanwinkel
2. Weiterentwicklung des Schleifverfahrens für die Herstellung von Präzisionswerkstücken unter Vermeidung hoher Temperaturen
3. Untersuchung von Oberflächenveredlungsverfahren zur Steigerung der Belastbarkeit hochbeanspruchter Bauteile

Heft 12:
Elektrowärme-Institut, Langenberg (Rhld.),
Induktive Erwärmung mit Netzfrequenz

Heft 13:
Techn.-Wissenschaftl. Büro für die Bastfaserindustrie, Bielefeld,
Das Naßspinnen von Bastfasergarnen mit chemischen Zusätzen zum Spinnbad

Heft 14:
Forschungsstelle für Acetylen, Dortmund,
Untersuchungen über Aceton als Lösungsmittel für Acetylen

Heft 15:
Wäschereiforschung Krefeld,
Trocknen von Wäschestoffen

Heft 16:
Max-Planck-Institut für Kohlenforschung, Mülheim a. d. Ruhr,
Arbeiten des MPI für Kohlenforschung

Heft 17:
Ingenieurbüro Herbert Stein, M. Gladbach,
Untersuchung der Verzugsvorgänge in den Streckwerken verschiedener Spinnereimaschinen. 1. Bericht: Vergleichende Prüfung mit verschiedenen Dickenmeßgeräten

Heft 18:
Wäschereiforschung Krefeld,
Grundlagen zur Erfassung der chemischen Schädigung beim Waschen

Heft 19:
Techn.-Wissenschaftl. Büro für die Bastfaserindustrie, Bielefeld,
Die Auswirkung des Schlichtens von Leinengarnketten auf den Verarbeitungswirkungsgrad, sowie die Festigkeits- und Dehnungsverhältnisse der Garne und Gewebe

Heft 20:
Techn.-Wissenschaftl. Büro für die Bastfaserindustrie, Bielefeld,
Trocknung von Leinengarnen I
Vorgang und Einwirkung auf die Garnqualität

Heft 21:
Techn.-Wissenschaftl. Büro für die Bastfaserindustrie, Bielefeld,
Trocknung von Leinengarnen II
Spulenanordnung und Luftführung beim Trocknen von Kreuzspulen

Heft 22:
Techn.-Wissenschaftl. Büro für die Bastfaserindustrie, Bielefeld,
Die Reparaturanfälligkeit von Webstühlen

Heft 23:
Institut für Starkstromtechnik, Aachen,
Rechnerische und experimentelle Untersuchungen zur Kenntnis der Metadyne als Umformer von konstanter Spannung auf konstanten Strom

Heft 24:
Institut für Starkstromtechnik, Aachen,
Vergleich verschiedener Generator-Metadyne-Schaltungen in bezug auf statisches Verhalten

Heft 25:
Gesellschaft für Kohlentechnik mbH., Dortmund-Eving,
Struktur der Steinkohlen und Steinkohlen-Kokse

Heft 26:
Techn.-Wissenschaftl. Büro für die Bastfaserindustrie, Bielefeld,
Vergleichende Untersuchungen zweier neuzeitlicher Ungleichmäßigkeitsprüfer für Bänder und Garne hinsichtlich Ihrer Eignung für die Bastfaserspinnerei

Heft 27:
Prof. Dr. E. Schratz, Münster,
Untersuchungen zur Rentabilität des Arzneipflanzenanbaues
Römische Kamille, Anthemis nobilis L.

Heft: 28:
Prof. Dr. E. Schratz, Münster,
Calendula officinalis L.
Studien zur Ernährung, Blütenfüllung und Rentabilität der Drogengewinnung

Heft 29:
Techn.-Wissenschaftl. Büro für die Bastfaserindustrie, Bielefeld,
Die Ausnützung der Leinengarne in Geweben

Heft 30:
Gesellschaft für Kohlentechnik mbH., Dortmund-Eving,
Kombinierte Entaschung und Verschwelung von Steinkohle; Aufarbeitung von Steinkohlenschlämmen zu verkokbarer oder verschwelbarer Kohle

Heft 31:
Dipl.-Ing. Störmann, Essen,
Messung des Leistungsbedarfs von Doppelsteg-Kettenförderern

Heft 32:
Techn.-Wissenschaftl. Büro für die Bastfaserindustrie, Bielefeld,
Der Einfluß der Natriumchloridbleiche auf Qualität und Verwebbarkeit von Leinengarnen und die Eigenschaften der Leinengewebe unter besonderer Berücksichtigung des Einsatzes von Schützen- und Spulenwechselautomaten in der Leinenweberei

Heft 33:
Kohlenstoffbiologische Forschungsstation e. V.,
Eine Methode zur Bestimmung von Schwefeldioxyd und Schwefelwasserstoff in Rauchgasen und in der Atmosphäre

Heft 34:
Textilforschungsanstalt Krefeld,
Quellungs- und Entquellungsvorgänge bei Faserstoffen

Heft 35:
Professor Dr. Wilhelm Kast, Krefeld,
Feinstrukturuntersuchungen an künstlichen Zellulosefasern verschiedener Herstellungsverfahren

Heft 36:
Forschungsinstitut der feuerfesten Industrie, Bonn,
Untersuchungen über die Trocknung von Rohton. Untersuchungen über die chemische Reinigung von Silika- und Schamotte-Rohstoffen mit chlorhaltigen Gasen

Heft 37:
Forschungsinstitut der feuerfesten Industrie, Bonn,
Untersuchungen über den Einfluß der Probenvorbereitung auf die Kaltdruckfestigkeit feuerfester Steine

Heft 38:
Forschungsstelle für Acetylen, Dortmund,
Untersuchungen über die Trocknung von Acetylen zur Herstellung von Dissousgas

Heft 39:
Forschungsgesellschaft Blechverarbeitung e. V., Düsseldorf,
Untersuchungen an prägegemusterten und vorgelochten Blechen

Heft 40:
Landesgeologe Dr.-Ing. W. Wolff, Amt für Bodenforschung, Krefeld,
Untersuchungen über die Anwendbarkeit geophysikalischer Verfahren zur Untersuchung von Spateisengängen im Siegerland

Heft 41:
Techn.-Wissenschaftl. Büro für die Bastfaserindustrie, Bielefeld,
Untersuchungsarbeiten zur Verbesserung des Leinenwebstuhles II

Heft 42:
Professor Dr. Burckhardt Helferich, Bonn,
Untersuchungen über Wirkstoffe — Fermente — in der Kartoffel und die Möglichkeit ihrer Verwendung

Heft 43:
Forschungsgesellschaft Blechverarbeitung e. V., Düsseldorf,
Forschungsergebnisse über das Beizen von Blechen

Heft 44:
Arbeitsgemeinschaft für praktische Dehnungsmessung, Düsseldorf,
Eigenschaften und Anwendungen von Dehnungsmeßstreifen

Heft 45:
Losenhausenwerk Düsseldorfer Maschinenbau AG., Düsseldorf,
Untersuchungen von störenden Einflüssen auf die Lastgrenzenanzeige von Dauerschwingprüfmaschinen

Heft 46:
Professor Dr. phil. W. Fuchs, Aachen,
Untersuchungen über die Aufbereitung von Wasser für die Dampferzeugung in Benson-Kesseln

Heft 47:
Prof. Dr.-Ing. habil. Karl Krekeler, Aachen,
Versuche über die Anwendung der induktiven Erwärmung zum Sintern von hochschmelzenden Metallen sowie zur Anlegierung und Vergütung von aufgespritzten Metallschichten mit dem Grundwerkstoff.

Heft 48:
Max-Planck-Institut für Eisenforschung, Düsseldorf,
Spektrochemische Analyse der Gefügebestandteile in Stählen nach ihrer Isolierung

Heft 49:
Max-Planck-Institut für Eisenforschung, Düsseldorf,
Untersuchungen über Ablauf der Desoxydation und die Bildung von Einschlüssen in Stählen

Heft 50:
Max-Planck-Institut für Eisenforschung, Düsseldorf,
Flammenspektralanalytische Untersuchung der Ferritzusammensetzung in Stählen

Heft 51:
Verein zur Förderung von Forschungs- und Entwicklungsarbeiten in der Werkzeugindustrie e. V., Remscheid,
Untersuchungen an Kreissägeblättern für Holz, Fehler- und Spannungsprüfverfahren

Heft 52:
Forschungsstelle für Azetylen, Dortmund,
Untersuchungen über den Umsatz bei der explosiblen Zersetzung von Azetylen
   a) Zersetzung von gasförmigem Azetylen,
   b) Zersetzung von an Silikagel adsorbiertem Azetylen

Heft 53:
Professor Dr.-Ing. H. Opitz, Aachen,
Reibwert- und Verschleißmessungen an Kunststoffgleitführungen für Werkzeugmaschinen

Heft 54:
Professor Dr.-Ing. habil. F. A. F. Schmidt, Aachen,
Schaffung von Grundlagen für die Erhöhung der spez. Leistung und Herabsetzung des spez. Brennstoffverbrauches bei Ottomotoren mit Teilbericht über Arbeiten an einem neuen Einspritzverfahren

Heft 55:
Forschungsgesellschaft Blechverarbeitung, Düsseldorf,
Chemisches Glänzen von Messing und Neusilber

Heft 56:
Forschungsgesellschaft Blechverarbeitung, Düsseldorf,
Untersuchungen über einige Probleme der Behandlung von Blechoberflächen

Heft 57:
Prof. Dr.-Ing. habil. F. A. F. Schmidt, Aachen,
Untersuchungen zur Erforschung des Einflusses des chemischen Aufbaues des Kraftstoffes auf sein Verhalten im Motor und in Brennkammern von Gasturbinen.

Heft 58:
Gesellschaft für Kohlentechnik m. b. H., Dortmund,
Herstellung und Untersuchung von Steinkohlenschwelteer.

VERÖFFENTLICHUNGEN DER ARBEITSGEMEINSCHAFT FÜR FORSCHUNG DES LANDES NORDRHEIN-WESTFALEN

Im Auftrage des Ministerpräsidenten Karl Arnold
Herausgegeben von Ministerialdirektor Prof. Leo Brandt

Heft 1:
Prof. Dr.-Ing. Friedrich Seewald, Technische Hochschule Aachen,
Neue Entwicklungen auf dem Gebiete der Antriebsmaschinen
Prof. Dr.-Ing. Friedrich A. F. Schmidt, Technische Hochschule Aachen,
Technischer Stand und Zukunftsaussichten der Verbrennungsmaschinen, insbesondere der Gasturbinen
Dr.-Ing. R. Friedrich, Siemens-Schuckert-Werke A.-G., Mülheimer Werk,
Möglichkeiten und Voraussetzungen der industriellen Verwertung der Gasturbine

Heft 2:
Prof. Dr.-Ing. Wolfgang Riezler, Universität Bonn,
Probleme der Kernphysik
Prof. Dr. phil. Fritz Micheel, Universität Münster,
Isotope als Forschungsmittel in der Chemie und Biochemie

Heft 3:
Prof. Dr. med. Emil Lehnartz, Universität Münster,
Der Chemismus der Muskelmaschine
Prof. Dr. med. Gunther Lehmann, Direktor des Max-Planck-Instituts für Arbeitsphysiologie, Dortmund,
Physiologische Forschung als Voraussetzung der Bestgestaltung der menschlichen Arbeit
Prof. Dr. Heinrich Kraut, Max-Planck-Institut für Arbeitsphysiologie, Dortmund,
Ernährung und Leistungsfähigkeit

Heft 4:
Prof. Dr. Franz Wever, Max-Planck-Institut für Eisenforschung, Düsseldorf,
Aufgaben der Eisenforschung
Prof. Dr.-Ing. Hermann Schenck, Technische Hochschule Aachen,
Entwicklungslinien des deutschen Eisenhüttenwesens
Prof. Dr.-Ing. Max Haas, Techn. Hochschule Aachen,
Wirtschaftliche und technische Bedeutung der Leichtmetalle und ihre Entwicklungsmöglichkeiten

Heft 5:
Prof. Dr. med. Walter Kikuth, Medizinische Akademie Düsseldorf,
Virusforschung
Prof. Dr. Rolf Danneel, Universität Bonn,
Fortschritte der Krebsforschung
Prof. Dr. med. Dr. phil. W. Schulemann, Univ. Bonn,
Wirtschaftliche und organisatorische Gesichtspunkte für die Verbesserung unserer Hochschulforschung

Heft 6:
Prof. Dr. Walter Weizel, Institut für theoretische Physik, Bonn,
Die gegenwärtige Situation der Grundlagenforschung in der Physik
Prof. Dr. Siegfried Strugger, Universität Münster,
Das Duplikantenproblem in der Biologie
Prof. Dr. Rolf Danneel, Universität Bonn,
Über das Verhalten der Mitochondrien bei der Mitose der Mesenchymzellen des Hühner-Embryos
Direktor Dr. Fritz Gummert, Ruhrgas A.-G., Essen,
Überlegungen zu den Faktoren Raum und Zeit im biologischen Geschehen und Möglichkeiten einer Nutzanwendung

Heft 7:
Prof. Dr.-Ing. August Götte, Technische Hochschule Aachen,
Steinkohle als Rohstoff und Energiequelle
Prof. Dr. e. h. Karl Ziegler, Max-Planck-Institut für Kohlenforschung Mülheim a. d. Ruhr,
Über Arbeiten des Max-Planck-Instituts für Kohlenforschung

Heft 8:
Prof. Dr.-Ing. Wilhelm Fucks, Technische Hochschule Aachen,
Die Naturwissenschaft, die Technik und der Mensch
Prof. Dr. sc. pol. Walther Hoffmann, Universität Münster,
Wirtschaftliche und soziologische Probleme des technischen Fortschritts

Heft 9:
Prof. Dr.-Ing. Franz Bollenrath, Technische Hochschule Aachen,
Zur Entwicklung warmfester Werkstoffe
Dr. Heinrich Kaiser, Staatl. Materialprüfungsamt Dortmund,
Stand spektralanalytischer Prüfverfahren und Folgerung für deutsche Verhältnisse

Heft 10:
Prof. Dr. Hans Braun, Universität Bonn,
Möglichkeiten und Grenzen der Resistenzzüchtung
Prof. Dr.-Ing. Carl Heinrich Dencker, Universität Bonn,
Der Weg der Landwirtschaft von der Energieautarkie zur Fremdenergie

Heft 11:
Prof. Dr.-Ing. Herwart Opitz, Technische Hochschule Aachen,
Entwicklungslinien der Fertigungstechnik in der Metallbearbeitung
Prof. Dr.-Ing. Karl Krekeler, Technische Hochschule Aachen,
Stand und Aussichten der schweißtechnischen Fertigungsverfahren

Heft: 12
Dr. Hermann Rathert, Mitglied des Vorstandes der Vereinigten Glanzstoff-Fabriken A.-G., Wuppertal-Elberfeld,
Entwicklung auf dem Gebiet der Chemiefaser-Herstellung
Prof. Dr. Wilhelm Weltzien, Direktor der Textilforschungsanstalt Krefeld,
Rohstoff und Veredlung in der Textilwirtschaft

Heft: 13
Dr.-Ing. e. h. Karl Herz, Chefingenieur im Bundesministerium für das Post- und Fernmeldewesen Frankfurt a. Main,
Die technischen Entwicklungstendenzen im elektrischen Nachrichtenwesen
Ministerialdirektor Dipl.-Ing. Leo Brandt, Düsseldorf,
Navigation und Luftsicherung

Heft 14:
Prof. Dr. Burckhardt Helferich, Universität Bonn,
Stand der Enzymchemie und ihre Bedeutung
Prof. Dr. med. Hugo W. Knipping, Direktor der Med. Universitätsklinik Köln,
Ausschnitt aus der klinischen Carcinomforschung am Beispiel des Lungenkrebses

Heft 15:
Prof. Dr. Abraham Esau, Technische Hochschule Aachen,
Die Bedeutung von Wellenimpulsverfahren in Technik und Natur
Prof. Dr.-Ing. Eugen Flegler, Technische Hochschule Aachen,
Die ferromagnetischen Werkstoffe in der Elektrotechnik und ihre neueste Entwicklung

Heft 16:
Prof. Dr. rer. pol. Rudolf Seyffert, Universität Köln,
Die Problematik der Distribution
Prof. Dr. rer. pol. Theodor Beste, Universität Köln,
Der Leistungslohn

Heft 17:
Prof. Dr.-Ing. Friedrich Seewald, Technische Hochschule Aachen,
Die Flugtechnik und ihre Bedeutung für den allgemeinen technischen Fortschritt
Prof. Dr.-Ing. Edouard Houdremont, Essen,
Art und Organisation der Forschung in einem Industriekonzern

Heft 18:
Prof. Dr. med. Dr. phil. W. Schulemann, Universität Bonn,
Theorie und Praxis pharmakologischer Forschung
Prof. Dr. Wilhelm Groth, Direktor des Physikalisch-Chemischen Instituts, Universität Bonn,
Technische Verfahren zur Isotopentrennung

Heft 19:
Dipl.-Ing. Kurt Traenckner, Stellvertr. Vorstandsmitglied der Ruhrgas-A.G., Essen,
Entwicklungstendenzen der Gaserzeugung

Heft 21:
Prof. Dr. phil. Robert Schwarz, Aachen,
Wesen und Bedeutung der Silicium-Chemie
Prof. Dr. Kurt Alder, Universität Köln,
Fortschritte in der Synthese von Kohlenstoffverbindungen

Heft 21 a
Jahresfeier der Arbeitsgemeinschaft für Forschung des Landes Nordrhein-Westfalen am 21. 5. 1952 in Düsseldorf mit Ansprachen des Herrn Bundespräsidenten Professor Dr. Theodor Heuss, des Herrn Ministerpräsidenten Arnold, Frau Kultusminister Teusch, der Herren Professor Dr. Hahn, Professor Dr. Strugger, Vizepräsident Dobbert, Professor Dr. Richter, Professor Dr. Fucks.

Heft 22:
Prof. Dr. Johannes von Allesch, Universität Göttingen,
Die Bedeutung der Psychologie im öffentlichen Leben
Prof. Dr. med. Otto Graf, Max-Planck-Institut für Arbeitsphysiologie, Dortmund,
Triebfedern menschlicher Leistung

Heft 23:
Prof. Dr. phil. Dr. jur. h. c. Bruno Kuske, Universität Köln,
Probleme der Raumforschung
Prof. Dr. Dr.-Ing. e. h. Prager,
Städtebau und Landesplanung

Heft 23 a:
M. Zvegintzov, Wissenschaftliche Forschung und die Auswertung ihrer Ergebnisse. Ziel und Tätigkeit der National Research Development Corporation
Dr. Alexander King, Department of Scientific & Industrial Research, London,
Wissenschaft und internationale Beziehungen

Heft 24:
Prof. Dr. Rolf Danneel, Universität Bonn,
Über die Wirkungsweise der Erbfaktoren
Prof. Dr. K. Herzog, Medizinische Akademie Düsseldorf,
Bewegungsbedarf der menschlichen Gliedmaßengelenke bei der Berufsarbeit

Heft 25:
Prof. Dr. O. Haxel, Heidelberg,
Energiegewinnung aus Kernprozessen
Dr. Dr. Max Wolf, Düsseldorf,
Gegenwartsprobleme der energiewirtschaftlichen Forschung

Heft 26:
Prof. Dr. Friedrich Becker, Universität Bonn,
Ultrakurzwellen aus dem Weltraum, ein neues Forschungsgebiet der Astronomie
Dozent Dr. H. Straßl, Bonn,
Bemerkenswerte Doppelsterne und das Problem der Sternentwicklung

Heft 27:
Prof. Dr. Heinrich Behnke, Universität Münster,
Der Strukturwandel der Mathematik in der ersten Hälfte des 20. Jahrhunderts
Prof. Dr. E. Sperner, Bonn,
Eine mathematische Analyse der Luftdruckverteilungen in großen Gebieten

Heft 28:
Prof. Dr. O. Niemczyk, Aachen,
Die Problematik gebirgsmechanischer Vorgänge im Steinkohlenbergbau
Prof. Dr. W. Ahrens, Krefeld,
Die Bedeutung geologischer Forschung für die Wirtschaft, besonders in Nordrhein-Westfalen

Heft 29:
Prof. Dr. B. Rensch, Münster,
Das Problem der Residuen bei Lernleistungen
Prof. Dr. H. Fink, Köln,
Über Leberschäden bei der Bestimmung des biologischen Wertes verschiedener Eiweiße von Mikroorganismen

Heft 30:
Prof. Dr.-Ing. F. Seewald, Aachen,
Forschungen auf dem Gebiete der Aerodynamik
Prof. Dr.-Ing. K. Leist, Aachen,
Forschungen in der Gasturbinentechnik

Heft 31:
Direktor Dr. F. Mietzsch, Wuppertal,
Chemie und wirtschaftliche Bedeutung der Sulfonamide
Prof. Dr. G. Domagk, Wuppertal,
Die experimentellen Grundlagen der Chemotherapie der bakteriellen Infektionen

Heft 32:
Prof. Dr. Hans Braun, Universität Bonn,
Die Verschleppung von Pflanzenkrankheiten und -schädlingen über die Welt
Prof. Dr. Wilhelm Rudorf, Max-Planck-Institut für Züchtungsforschung, Voldagsen,
Der Beitrag von Genetik und Züchtung zur Bekämpfung von Viruskrankheiten der Nutzpflanzen

Heft 33:
Prof. Dr.-Ing. V. Aschoff, Aachen,
Probleme der elektroakustischen Einkanalübertragung
Prof. Dr.-Ing. H. Döring, Aachen,
Erzeugung und Verstärkung von Mikrowellen

Heft 34:
Geheimrat Prof. Dr. Rudolf Schenck, Aachen,
Bedingungen und Gang der Kohlenhydratsynthese im Licht
Prof. Dr. Emil Lehnartz, Universität Münster,
Die Endstufen des Stoffabbaus im Organismus

Heft 35:
Prof. Dr.-Ing. H. Schenk, Aachen,
Gegenwartsprobleme der Eisenindustrie in Deutschland
Prof. Dr.-Ing. E. Piwowarsky, Aachen,
Gelöste und ungelöste Probleme des Gießereiwesens

Geisteswissenschaften

Heft 1:
Prof. Dr. W. Richter, Bonn,
Die Bedeutung der Geisteswissenschaften für die Bildung unserer Zeit

Prof. Dr. J. Ritter, Münster,
Die aristotelische Lehre vom Ursprung und Sinn der Theorie

Heft 2:
Prof. Dr. J. Kroll, Köln,
Elysium
Prof. Dr. G. Jachmann, Köln,
Die vierte Ekloge Vergils

Heft 3:
Prof. Dr. H. E. Stier, Münster,
Die klassische Demokratie

Heft 4:
Prof. Dr. W. Caskel, Köln,
Lihjan und Lihjanisch. Sprache und Kultur eines früharabischen Königreiches

Heft 5:
Prof. Dr. Th. Ohm, Münster,
Stammesreligionen im südlichen Tanganyika-Territorium. — Religionswissenschaftliche Ergebnisse meiner Ostafrikareise 1951

Heft 6:
Prälat Prof. Dr. G. Schreiber, Münster,
Deutsche Wissenschaftspolitik von Bismarck bis zum Atomphysiker Otto Hahn

Heft 7:
Prof. Dr. W. Holtzmann, Bonn,
Das mittelalterliche Imperium und die werdenden Nationen

Heft 8:
Prof. Dr. W. Caskel, Köln,
Die Bedeutung der Beduinen in der Geschichte der Araber

Heft 9:
Prälat Prof. Dr. G. Schreiber, Münster,
Iroschottische und angelsächsische Kultureinflüsse im Mittelalter

Heft 10:
Prof. Dr. P. Rassow, Köln,
Forschungen zur Reichsidee im 16. und 17. Jahrhundert

Heft 11:
Prof. Dr. H. E. Stier, Münster,
Roms Aufstieg zur Weltherrschaft

Heft 12:
Prof. Dr. D. K. H. Rengstorf, Münster,
Zum Problem der Gleichberechtigung zwischen Mann und Frau auf dem Boden des Urchristentums
Prof. Dr. H. Conrad, Bonn,
Grundprobleme einer Reform des Familienrechts

Heft 13:
Professor Dr. Max Braubach, Bonn,
Der Weg zum 20. Juli 1944 — Ein Forschungsbericht

Heft 14:
Prof. Dr. Paul Hübinger, Münster
Das deutsch-französische Verhältnis und seine mittelalterlichen Grundlagen

Heft 15:
Prof. Dr. Franz Steinbach, Bonn,
Der geschichtliche Weg des wirtschaftenden Menschen in die soziale Freiheit und politische Verantwortung

Heft 16:
Prof. Dr. Josef Koch, Köln,
Die Ars coniecturalis des Nikolaus von Cues

Heft 17:
Dr. James B. Conant,
U.S.-Hochkommissar für Deutschland,
Staatsbürger und Wissenschaftler
Prof. Dr. D. Karl Heinrich Rengstorf, Münster,
Antike und Christentum

Heft 18:
Prof. Dr. Richard Alewyn, Köln,
Klopstocks Publikum

Heft 19:
Prof. Dr. Fritz Schalk, Köln,
Das Lächerliche in der französischen Literatur des Ancien Régime

Heft 20:
Prof. Dr. Ludwig Raiser, Bad Godesberg,
Präsident der Deutschen Forschungsgemeinschaft
Rechtsfragen der Mitbestimmung

Heft 21:
Prof. D. Martin Noth, Bonn,
Das Geschichtsverständnis der alttestamentlichen Apokalyptik
Prof. Dr.-Ing. Wilhelm Fucks, Aachen
Einige Probleme aus der Theorie des Sprechens, der Sprachen und des Sprechstils in mathematischer Behandlung

If you have any concerns about our products,
you can contact us on
ProductSafety@springernature.com

In case Publisher is established outside the EU,
the EU authorized representative is:
Springer Nature Customer Service Center GmbH
Europaplatz 3, 69115 Heidelberg, Germany

Printed by Libri Plureos GmbH
in Hamburg, Germany